Der Himmel ist nicht genug –
Wissenschaft ist die beste Religion

Hanna Heikenwälder

# Der Himmel ist nicht genug – Wissenschaft ist die beste Religion

Dr. Hanna Heikenwälder
Eberhard Karls Universität Tübingen
Tübingen, Deutschland

ISBN 978-3-662-67434-5     ISBN 978-3-662-67435-2  (eBook)
https://doi.org/10.1007/978-3-662-67435-2

Die Deutsche Nationalbibliothek verzeichnet diese Publikation in der Deutschen Nationalbibliografie; detaillierte bibliografische Daten sind im Internet über http://dnb.d-nb.de abrufbar.

© Der/die Herausgeber bzw. der/die Autor(en), exklusiv lizenziert an Springer-Verlag GmbH, DE, ein Teil von Springer Nature 2023

Das Werk einschließlich aller seiner Teile ist urheberrechtlich geschützt. Jede Verwertung, die nicht ausdrücklich vom Urheberrechtsgesetz zugelassen ist, bedarf der vorherigen Zustimmung des Verlags. Das gilt insbesondere für Vervielfältigungen, Bearbeitungen, Übersetzungen, Mikroverfilmungen und die Einspeicherung und Verarbeitung in elektronischen Systemen.
Die Wiedergabe von allgemein beschreibenden Bezeichnungen, Marken, Unternehmensnamen etc. in diesem Werk bedeutet nicht, dass diese frei durch jedermann benutzt werden dürfen. Die Berechtigung zur Benutzung unterliegt, auch ohne gesonderten Hinweis hierzu, den Regeln des Markenrechts. Die Rechte des jeweiligen Zeicheninhabers sind zu beachten.
Der Verlag, die Autoren und die Herausgeber gehen davon aus, dass die Angaben und Informationen in diesem Werk zum Zeitpunkt der Veröffentlichung vollständig und korrekt sind. Weder der Verlag noch die Autoren oder die Herausgeber übernehmen, ausdrücklich oder implizit, Gewähr für den Inhalt des Werkes, etwaige Fehler oder Äußerungen. Der Verlag bleibt im Hinblick auf geografische Zuordnungen und Gebietsbezeichnungen in veröffentlichten Karten und Institutionsadressen neutral.

Covermotiv: (c) André Leisner, 2023 © Hanna Heikenwälder
Covergestaltung: deblik, Berlin

Planung/Lektorat: Renate Scheddin
Springer ist ein Imprint der eingetragenen Gesellschaft Springer-Verlag GmbH, DE und ist ein Teil von Springer Nature.
Die Anschrift der Gesellschaft ist: Heidelberger Platz 3, 14197 Berlin, Germany

*Für Leopold, Ferdinand, Theresa und Laurenz*

*Es gibt zwei Arten, sein Leben zu leben. Entweder so, als wäre nichts ein Wunder oder so, als wäre alles ein Wunder*

(Albert Einstein)

# Vorwort

Kinder haben von ihrer Welt noch kein fertiges Bild. Alles ist neu. Alles scheint möglich. Wenn sie größer werden, wird ihre Welt nach und nach von Erwachsenen entzaubert, die ihnen viele nützliche Dinge erzählen und beibringen. Dieses gut gemeinte Wissen spart Arbeit und Zeit – denn was man weiß, muss man nicht erst herausfinden. Dabei würde es nicht schaden, sein Wissen gelegentlich zu hinterfragen. Was wissen wir eigentlich wirklich über dieses Universum, in dem wir leben? Über den Ursprung des Lebens? Sind wir allein? Was ist eigentlich eine Weltformel und warum suchen Physiker so verzweifelt danach? Welchen Gott meinte Albert Einstein als er an den Quantenmechaniker Nils Bohr schrieb, dass „Gott nicht würfelt"?

Nehmen wir unseren Kindern mit allzu schnellen Antworten oder alten Überlieferungen nicht eine ganz besonders wertvolle Essenz des Lebens? Nach aktuellem Wissensstand ist das Universum weder kugelförmig noch ist die Zeit absolut. Die Bausteine des Lebens stammen vermutlich nicht von dieser Erde und der schwarze Raum zwischen den Sternen ist alles andere als leer.

Das Ungewisse und Geheimnisvolle ist die Triebkraft aller Kreativität und Forschung. Es weckt in uns eine kindliche Neugier und Abenteuerlust, die unser Leben beflügelt und ihm einen tieferen Sinn verleiht. Kinder werden als fertige kleine Wissenschaftler und Künstler geboren und mit etwas Glück gelingt es den Erwachsenen in ihrem Umfeld nicht, ihnen die angeborene Neugier und Experimentierfreude mit vorgefertigten Antworten auszutreiben. Solche Kinder wachsen zu begeisterungsfähigen Erwachsenen heran, denen es gelingt, ihre Welt sogar im Alter noch als Wunder zu betrachten und sich an ihr zu erfreuen.

Viele dieser neugierig gebliebenen Menschen findet man in kreativen Berufen und in den Naturwissenschaften. Leider hat insbesondere die Naturwissenschaft zunehmend ein Imageproblem, denn viel zu wenige Menschen wissen überhaupt, wie sie funktioniert. Und einige Menschen sind sogar überzeugt, dass die Naturwissenschaft nur ein einziges Ziel verfolgt: die Wunder dieser Welt – eines nach dem anderen – mit ihrem trockenen Pragmatismus zu entzaubern. Da sie sich vermeintlich auch noch ständig selbst widerspricht, erscheint sie als denkbar ungeeignetster Kandidat für etwas, dass uns Hoffnung, Trost oder Sicherheit im Leben bieten kann.

Diese Sichtweise verkennt den wahren Kern der Wissenschaft und die Motivation, die Wissenschaftler seit jeher antreibt. Die Naturwissenschaft versucht dieselben großen Fragen zu beantworten, wie Religion und Philosophie – nur mit dem Unterschied, dass sie auch tatsächlich über die geeigneten Mittel zur Beantwortung dieser Fragen verfügt. Sich einzugestehen, dass der menschliche Geist möglicherweise nicht das Maß aller Dinge in diesem Universum ist, kostet anfangs vielleicht ein kleines bisschen Demut. Die Belohnung dafür jedoch ist ein ungefilterter Blick auf die wahren Wunder des Lebens.

Wissenschaftler wählen ihren Beruf nicht, weil sie lustige Versuche, teure Geräte oder weiße Kittel lieben, sondern weil sie an der elektrisierenden Suche nach Wahrheit teilhaben möchten. Man findet Wissenschaftler daher nicht nur in der Wissenschaft, sondern auch in allen anderen Berufen – denn Wissenschaft ist eigentlich kein Beruf, sondern eine Denkweise. Diese Denkweise erlaubt es uns, aus aktiven Beobachtungen und Erfahrungen zu lernen und Verbesserungen, Innovation und Fortschritt in dieser Welt zu generieren. Wer wissenschaftlich und unvoreingenommen denkt, hält prinzipiell alles für möglich, worauf empirische Beweise hindeuten – gegebenenfalls auch überirdische Schöpfer unseres Universums oder Multiversen. Wir wollen einfach nur wissen, was davon wirklich stimmt.

Im Studium lernt man viel Theorie, widmet sich dann aber für den Rest seines Lebens meist einem kleinen Teilgebiet seines Faches. Früher oder später kommt der Zeitpunkt, an dem man sich fragt, wozu der jahrelange Umweg über das Studium überhaupt nötig war, denn das benötigte Expertenwissen muss man sich in der Regel selbst erarbeiten. Der eigentliche Wert einer naturwissenschaftlichen Ausbildung liegt in dem Erlernen der wissenschaftlichen Methode. Wer sie einmal verinnerlicht hat, wird sie sein Leben lang nicht mehr ablegen. Sie ist weltweit einheitlich und über alle Sprachen und Kulturen hinweg unter Wissenschaftlern anerkannt. Sie umfasst einen Konsens, wie man Dinge erforscht, präsentiert und immer wieder infrage stellt. Es ist ein ewiges Fortschreiten von Versuch, Irrtum und Korrektur. Hypothesen werden errichtet, um verworfen zu werden.

Dennoch haben einige wissenschaftliche Hypothesen diesem ewigen Mechanismus des Hinterfragens standgehalten und sich über Jahrzehnte oder Jahrhunderte hinweg zu anerkannten wissenschaftlichen Theorien etabliert. Diese mit einem hohen Maß an Geduld und Selbstkritik erarbeiteten Konzepte sind der Versuch einer Annäherung an etwas, das gemeinhin als die „Wahrheit" bezeichnet wird. Wissenschaft lernt dabei nie aus und ist nie selbstgenügsam. Wissenschaft ist ein Gemeinschaftsprojekt, in dem Erkenntnisse über Jahrhunderte hinweg von Wissenschaftlern an Wissenschaftler weitergegeben werden. In gewisser Weise ist sie die Muttersprache der Menschheit – und vermutlich allen intelligenten Lebens in diesem Universum. Mit ihrer unmissverständlichen Klarheit fühlt sie sich wahrer und intuitiver an, als alle anderen menschlichen Sprachen.

Die Wissenschaft hat aber noch einen ganz anderen Wert, der fernab des elitären Elfenbeinturms der Universitäten und Hightech-Labore zum Vorschein kommt. Sie ist in gewisser Weise eine Lebenseinstellung oder Lebensphilosophie mit einer besonderen Mischung aus Offenheit, Neugier und Achtsamkeit – und damit genau jener Eigenschaften, deren gesundheitsfördernde und sogar lebensverlängernde Wirkung in Studien wiederholt bestätigt wurde.

Die wichtigsten Forschungsergebnisse der Menschheit sollten nicht einer elitären Gemeinschaft von Wissenschaftlern vorbehalten bleiben, denn sie können auch dann eine Bereicherung sein, wenn man nicht alle schwer verdaulichen Herleitungen und Formeln kennt oder nachvollziehen kann. Man muss nicht selbst ein Instrument spielen, um die Schönheit eines Orchesters zu genießen.

Damit Wissenschaft als geistiges Kulturgut für alle Mitglieder unserer Gesellschaft nutzbar wird, sollte sie ebenso leicht erreichbar und zugänglich sein wie Religion oder Philosophie. Ihre hochentwickelten Techniken dürfen auf keinen Fall den Zugang zu den Ergebnissen versperren, die für die ganze Menschheit von Bedeutung sind. Wissenschaftler müssen die Kommunikation ihrer Beweggründe ebenso ernst nehmen, wie ihre tägliche Forschungsarbeit – denn in einer wissenschaftsfeindlichen Welt werden auch die brillantesten Forschungsergebnisse nicht mehr viel bewirken.

Aberglaube, Esoterik, Mystizismus, Fake News und Verschwörungstheorien zeigen, dass unsere Gesellschaft auf dem besten Weg ist, ihr existentiell wichtiges Realitäts- und Wahrheitsempfinden zu verlieren – weil viele Menschen gar nicht mehr wissen, woran man die Wahrheit überhaupt erkennt. Dabei verlassen sich die meisten Menschen im Alltag durchaus auf ihren angeborenen Empirismus und würden beim Kauf eines Autos oder eines Hauses mit Sicherheit nicht auf eine Probefahrt oder Besichtigung verzichten.

Religion und Wissenschaft gelten heute als unvereinbar, dabei verfolgen sie in allen Kulturen seit jeher dasselbe Ziel: die Suche nach der Wahrheit und unserem Platz im Universum. Jahrhundertelang lieferte die Religion konkurrenzlos Antworten auf unbeantwortete und unlösbare Fragen. Im letzten Jahrhundert hat sich jedoch gewaltig viel verändert: Wir entdeckten Atome, entschlüsselten die DNA-Struktur und schickten Menschen ins Weltall. Inzwischen können wir Verwandtschaftsverhältnisse Milliarden Jahre in der Evolution zurückverfolgen und haben erkannt, dass es im Weltall nur so von „habitablen" erdähnlichen Planeten wimmelt.

Für die Religion, deren Hoheitsgebiet Stück für Stück schrumpfte, wurde die Naturwissenschaft zu einer Bedrohung. Dabei nimmt die Wissenschaft weder

der Religion noch uns etwas weg. Sie führt uns lediglich näher an die Wahrheit. Wissenschaftler bauen seit Jahren an einem gigantischen „Space-Interferometer", um Gravitationswellen zu untersuchen, die aus der Zeit kurz nach dem Urknall stammen. Es ist schwer vorstellbar, dass nicht jeder wissen und nachsehen möchte, was vor circa 13,8 Mrd. Jahren geschah, als alle Materie und die Raumzeit in einem singulären Ereignis geboren wurden. Die Suche nach der Wahrheit steht mit Sicherheit nicht im Widerspruch zur Religion.

Wollen wir unseren Kinder nicht beibringen, wie man Dinge in Frage stellt und erforscht, anstatt ihnen immer nur fertiges Wissen zu präsentieren? Natürlich ist Wissen wichtig und sogar notwendig, um später darauf aufbauen zu können. Wäre es aber nicht erst einmal viel wichtiger, zu lernen, wie Wissen überhaupt entsteht? Nichts ist einfacher, als Kindern die Arbeitsweise der Wissenschaft zu vermitteln, denn Kinder machen von Natur aus kaum etwas anderes, als testen und „warum" zu fragen. Anstatt auf jede dieser Fragen zu antworten: „weil Gott es so wollte", können wir ihnen beibringen, wie man denkt und im Zweifelsfall sogar sagt: „Das weiß ich nicht, aber ich werde es herausfinden."

Die Naturwissenschaft kann faszinierende Antworten auf einige der wichtigsten Fragen der Menschheit liefern. Im Unterschied zu Ideologien oder Glaubensrichtungen weiß die Naturwissenschaft oftmals keine endgültige Antwort. Die Wahrheit noch nicht vollständig zu kennen, ist allerdings spannender und gleichzeitig sogar demütiger, als Unwahrheiten als eine Art Palliativbehandlung gegen Ängste und Sorgen zu akzeptieren. Ich widme dieses Buch all jenen Menschen, denen es leichter fällt, nicht alles zu wissen, als alles zu glauben. Und ich widme dieses Buch meinen Kindern, denn ich wünschte, ich hätte als Kind befriedigendere Antworten auf meine brennendsten Fragen erhalten. Man ist nie zu jung oder zu alt, um die Welt zu verstehen und zu erforschen. Tief in uns wissen wir, dass wir nur ein kleiner Teil von etwas Größerem sind und wir alle möchten wissen „wovon".

Dr. Hanna Heikenwälder
Timmendorfer Strand
im Juli 2022

# Danksagung

Ich danke dem gesamten Team des Springer-Verlags – insbesondere meiner Editorin Renate Scheddin – für die freundschaftliche Zusammenarbeit und dafür, dass sie die Umsetzung meiner Ideen ermöglicht hat. Rahul Ravindran, Claudia Handwerker und Roopashree Polepalli danke ich für ihre professionelle Unterstützung bei der Gestaltung dieses Buches.

Dem Verlag Springer Nature danke ich dafür, dass er die Grundsätze und Arbeitsweise der wissenschaftlichen Methode anerkennt, schätzt und in unserer Gesellschaft kultiviert.

Ich danke meiner Familie, ohne deren großartige Unterstützung dieses Buch nicht entstanden wäre. Mein größter Dank gilt meiner Mutter und meiner Großmutter, die uns jeden Tag liebevoll mit unseren Kindern unterstützen. Meinem Vater danke ich dafür, dass er schon früh meine Begeisterung für Naturwissenschaft und Technik geweckt hat.

Meinen Freunden danke ich für unzählige lustige und inspirierende Momente und Gespräche. Eure aufbauenden

Worte waren mir immer dann eine große Hilfe, wenn mir meine Projekte regelmäßig über den Kopf wuchsen.

Ich danke meinen Kindern für ihre unbändige Neugier, ihre Experimentierfreude, ihren Mut, ihre Energie, ihre Fragen, ihren Humor und ihre Freude am Leben. Ihr seid unsere größte Inspiration.

Nicht zuletzt danke ich meinem Ehemann Mathias dafür, dass er die Naturwissenschaft ebenso liebt wie ich. Seine herausragenden Leistungen in der Krebsforschung und seine Leidenschaft sind eine große Inspiration für mich und alle Wissenschaftler, die ihn kennen. Danke, dass du an mich und meine Ideen glaubst.

# Inhaltsverzeichnis

| | | |
|---|---|---|
| **1** | **Die Kraft der Wissenschaft** | 1 |
| 1.1 | Die Gabe der Neugier | 2 |
| 1.2 | Das Experiment | 4 |
| 1.3 | Das Wunder der Wahrheit | 6 |
| 1.4 | Mit der Lizenz zum Zweifeln | 9 |
| 1.5 | Grenzen auflösen | 13 |
| | Literatur | 15 |
| **2** | **Wissenschaft lernt nie aus** | 17 |
| 2.1 | Wissenschaft im Alltag | 19 |
| 2.2 | Geistige Flexibilität | 21 |
| 2.3 | Meinungen, Hypothesen, Theorien und Fakten | 23 |
| 2.4 | Wissenschaft richtig präsentieren | 27 |
| | Literatur | 30 |

## 3 Wissenschaft darf unlogisch sein — 33
- 3.1 Atheismus oder Pantheismus? — 36
- 3.2 Reduktionismus – weniger ist mehr — 40
- Literatur — 44

## 4 Mehr als nur Science-Fiction — 47
- 4.1 Dopamin — 49
- 4.2 Endurance — 51
- 4.3 Gravitationswellen — 52
- Literatur — 58

## 5 Das Paradies der Moleküle — 61
- 5.1 Die Rezeptur des Lebens — 63
- 5.2 Molekulare Wolken — 66
- 5.3 Die fehlende Zutat — 70
- 5.4 Seifenschaum — 74
- 5.5 Hilfe von oben — 77
- Literatur — 79

## 6 Die Wiege des Lebens — 81
- 6.1 Kreisläufe — 82
- 6.2 Das größte Rätsel — 88
- Literatur — 89

## 7 Die Grenzenlosigkeit des Lebens — 91
- Literatur — 97

## 8 Tanz der Moleküle — 99
- 8.1 Temperatur — 100
- 8.2 Verbrennung — 102
- 8.3 Umkehrreaktionen — 105
- Literatur — 108

## 9 Ein perfekter Zufall — 109
- 9.1 Der GOD der Immunologie — 110
- 9.2 Vom Zufall lernen — 122
- Literatur — 124

## 10 Der kosmische Kalender — 125
- Literatur — 131

## 11 Leben im Universum — 133
- 11.1 Von Einhörnern und Außerirdischen — 134
- 11.2 Wie stehen die Chancen? — 137
- 11.3 Fermis Paradoxon — 139
- 11.4 Wonach sollen wir suchen? — 143
- Literatur — 150

## 12 Das Teilchenmeer — 151
- 12.1 Das beobachtbare Universum — 153
- 12.2 Das expandierende Universum — 155
- Literatur — 159

## 13 Das geheime Leben des Vakuums — 161
- 13.1 Dunkle Energie — 162
- 13.2 Dunkle Materie — 164
- 13.3 Dem Unsichtbaren vertrauen — 168
- Literatur — 171

## 14 Es wurde Licht — 173
- 14.1 Die Geburt des Lichts — 175
- 14.2 Kosmische Dämmerung — 177
- Literatur — 180

## 15 Die Eroberung des Alls — 183
- 15.1 Ferne Welten — 186
- 15.2 Interstellare Segelschiffe — 189
- 15.3 Strahlung — 197
- 15.4 Musik im Universum — 200
- Literatur — 208

## 16 Die Schönheit einer Theorie — 211
- 16.1 Eine Revolution mit Bleistift und Papier — 213
- 16.2 Die Krone der Physik — 218
- 16.3 Der Beweis — 224
- Literatur — 225

## 17 Die Suche nach der Weltformel — 227
- 17.1 Das Geheimnis der Singularitäten — 229
- 17.2 Wo liegt das Problem? — 232
- 17.3 Urknall oder Urprall? — 233
- 17.4 Universum oder Multiversum? — 238
- Literatur — 243

## 18 Der nächste Big Bang — 245
- 18.1 Der „biologische Big Bang" — 246
- 18.2 Der „digitale Big Bang" — 249
- 18.3 Der „energetische Big Bang" — 250
- Literatur — 252

## 19 Aufbruch — 253
- Literatur — 258

# Über die Autorin

**Dr. Hanna Heikenwälder** (geb. 01.04.1986) studierte Molekularbiologie an der Universität zu Lübeck und in den USA. Nach ihrem Masterabschluss an der ETH Zürich promovierte sie am Institut für klinische Chemie und Pathobiochemie der Technischen Universität München in Naturwissenschaften (PhD). Während ihrer Promotion untersuchte sie, wie Entzündungen zur Krebsentstehung im Darm beitragen. Aufgrund ihrer hohen akademischen Leistungen und wissenschaftlichen Motivation erhielt sie anschließend die Zulassung zu einem Zweitstudium im Fach Medizin an der Ruprecht-Karls-Universität in Heidelberg. Dort erwarb sie detaillierte Kenntnisse in mikroskopischer und makroskopischer Anatomie für die Anwendung in der molekularen Krebsforschung, die sie später an der chirurgischen Klinik der Universität Heidelberg zur Erforschung von personalisierten Behandlungsansätzen gegen Pankreaskrebs einsetzte. Zur Zeit ist sie an der Universität Tübingen tätig und arbeitet als freie Autorin. Ihr Buch *Der moderne Krebs* erschien ebenfalls 2023 im Springer-Verlag. Hanna Heikenwälder ist mit dem renommierten Krebsforscher, *Leopoldina*-Mitglied und Deutschen Krebspreisträger 2022 Prof. Dr. Mathias Heikenwälder verheiratet, der zu den Top-1 % der weltweit meistzitierten Wissenschaftler gehört („highly-cited scientists"). Gemeinsam haben sie vier Kinder, deren unerschöpflicher Fragedrang und Wissensdurst sie immer wieder in fremde Fachgebiete vorstoßen lässt. Neben Medizin und Biologie liebt sie Literatur und die Physik, mit der sie während ihrer Zeit an der ETH Zürich in Berührung kam. Von einem starken fachübergreifenden Interesse getrieben, hat sie dort neben ihrem eigenen Studium auch Vorlesungen der Astrophysik besucht und das Wahlfach „Die Mathematik der Unendlichkeit" erfolgreich absolviert. Foto © André Leisner 2023.

# 1

# Die Kraft der Wissenschaft

*Wenn es einen Glauben gibt, der Berge versetzen kann,
so ist es der Glaube an die eigene Kraft*

(Marie von Ebner-Eschenbach)

Zu sagen, Wissenschaftler mögen keinen Small Talk, wäre falsch. Es ist nur so, dass es ihnen schwerfällt, lange an der Oberfläche zu bleiben. Das Wetter heute? Die Tatsache, dass Regen auf diesen Planeten fällt, entzückt einen Wissenschaftler. Überhaupt, dass unsere Erde die Sonne in einem Abstand umkreist, der die Existenz von flüssigem Wasser erlaubt – einfach sensationell.

Trotz ihrer symptomatischen Vorliebe für Tiefgang können Wissenschaftler philosophischen Sinnfragen nur selten etwas abgewinnen. Damit sind in der Regel die völlig unpräzise formulierten Fragen nach dem Sinn des Lebens gemeint, die eigentlich lauten sollten: Was verleiht uns die Kraft, die Rückschläge eines langen Lebens wegzustecken und immer wieder neuen Herausforderungen entgegenzutreten? Worauf werden wir am Lebensende ohne Reue und Bedauern zurückblicken? Was ist unser höheres Ziel? Unsere Motivation, unsere Inspiration, unser „Wozu"? Die meisten von uns stellen sich früher oder später derartige Fragen – spätestens wenn allmählich die Einsicht durchsickert, dass unsere Zeit auf Erden doch sehr begrenzt ist.

Ein Wissenschaftler hat sein „Wozu" längst erkannt – auch wenn er sich dessen nicht immer bewusst ist. Er kannte es, lange bevor er Wissenschaftler wurde. Als unbedeutender Bewohner eines habitablen Planeten nahe des Zentrums eines typischen Sternensystems am Rande einer durchschnittlichen Balkenspiralgalaxie ist er beruflich nur gerade zu sehr damit beschäftigt, andere wichtige Fragen zu beantworten. Beispielsweise wer oder was unser Universum schuf, wie viele Universen es überhaupt gibt oder ob die unserem Universum Universum zugrunde liegenden Naturgesetze möglicherweise einer einzigen höheren „Weltformel" folgen.

Sein Beruf dient ihm nur als Mittel zum Zweck. Sein Wozu ist nichts anderes als die Suche nach der Wahrheit und dafür stellt er sein Leben und Denken in ihren Dienst.

## 1.1 Die Gabe der Neugier

Menschen werden mit einer ausgeprägten Neugier und Wahrheitsliebe geboren, aber viele verlieren diese angeborenen kindlichen Eigenschaften wieder, wenn sie erwachsen werden. Ein paar von ihnen – darunter herausragende Erfinder, Ingenieure, Schriftsteller, Maler, Entdecker, Wissenschaftler und andere kreative Genies – bleiben ihr Leben lang im Geiste jung. Sie behalten ihre kindliche Neugier und nutzen die Freiheit ihres Denkens, um völlig neue Wege einzuschlagen und Unmögliches zu vollbringen. Neben spielerischem Denken und unkonventionellen Methoden benötigen Fortschritt und Innovation auch immer ein hohes Maß an Disziplin und Durchhaltevermögen. Sonst bleiben Ideen für immer nur Ideen.

Das leidenschaftliche Verlangen nach Erkenntnis verleiht eine mentale Kraft, die von völlig anderer Qualität ist als alles, woraus wir normalerweise Kraft schöpfen. Es ist eine Kraft, die mehr ist als nur die Summe aus Schlaf, gesunder Ernährung oder Sport. Diese Kraft erlaubt es uns, selbst unter den widrigsten Lebensbedingungen zu gedeihen. Ein passionierter Wissenschaftler kann nahezu alles vernachlässigen und willentlich vereinsamen: Solange er arbeiten kann, ist er glücklich, denn seine Arbeit erscheint ihm immer sinnvoll.

Albert Einstein „rauchte wie ein Schlot, arbeitete wie ein Roß und aß ohne Überlegung und Auswahl" – wie er selbst einem Freund schrieb (Brackmann, 2020). Er litt schon in jungen Jahren unter einer Lebererkrankung, Herzbeschwerden und Magengeschwüren. All dies ließ ihn jedoch weder sein Ziel aus den Augen verlieren noch an Produktivität einbüßen. Stephen Hawking war leidenschaftlicher Physiker und wurde trotz seiner unheilbaren Krankheit (amyotrophe Lateralsklerose) 76 Jahre alt und damit deutlich älter, als alle Ärzte vorausgesagt hatten. Marie Curie setzte sich jahrzehntelang radioaktiver Strahlung aus und obwohl damals noch nichts über die Langzeitfolgen von Radioaktivität bekannt war, litt sie viele Jahre unter Verbrennungen an den Händen und den Folgen der Strahlenkrankheit.

Als erste Frau, die einen Nobelpreis erhielt, und als erster Mensch überhaupt mit zwei Nobelpreisen in verschiedenen Kategorien verstarb sie 1934 an den Folgen der langjährigen Strahlenexposition. Aber nicht ohne eine Tochter zu hinterlassen, der sie zuvor sowohl ihre Neugier als auch ihre Disziplin mitgegeben hatte. Auch Marie Curies Tochter, Irène-Joliot Curie, erhielt später gemeinsam mit ihrem Ehemann den Nobelpreis für Chemie.

## 1.2 Das Experiment

Um zu wissen, ob eine Idee funktioniert oder eine Theorie stimmt, müssen wir sie zuerst einmal testen. Und zwar nicht daran, ob wir möglichst viele Menschen finden, die ebenfalls daran glauben, sondern an der Realität. Entgegen unserer trügerischen subjektiven Wahrnehmung sind wir Menschen nämlich überaus irrbare Wesen. Um dieses Handicap der menschlichen Fehlbarkeit zu kompensieren, haben intelligente Menschen irgendwann begonnen, Experimente zu machen und ihre Beobachtungen zu dokumentieren, anstatt sich bloß auf Vermutungen zu verlassen. Wenn sie irgendwo eine überraschende Gesetzmäßigkeit erkannten, versuchten sie diese in Form von Sätzen oder Formeln festzuhalten. Mithilfe dieser Formeln und Gesetze war es plötzlich möglich, Vorhersagen über das Verhalten der Natur zu treffen und ihre Kräfte zu nutzen.

In Zeiten von Pandemien, Energiekrisen und politischen Spannungen können uns Forschungsergebnisse und technische Innovationen dabei helfen, einige dieser Probleme zu lösen. Aber die Wissenschaft liefert uns auch Erkenntnisse, die uns vor einer existentiellen Depression bewahren können, die immer mehr Menschen auf der Welt spüren. Dabei sind insbesondere solche Erkenntnisse gemeint, die der sogenannten Grundlagenforschung entstammen – also all jenen Gebieten der Forschung, die nur um der Erkenntnis Willen selbst forschen und aufgrund ihrer fehlenden profitablen Anwendungsbezogenheit sehr hart um ihre Finanzierung kämpfen müssen.

Ein wachsender Teil der Menschheit sucht in diesen Zeiten verzweifelt nach einem überzeugenden und verlässlichen „Wozu". Man kann unzählige Ratgeber kaufen, die Welt bereisen, mit Lebensweisen experimentieren, über den „Fake-Gehalt" in Online-Nachrichten diskutieren und nicht mehr alles „glauben", was man hört. Aber die eigentliche Frage – was man denn nun wirklich weiß oder glauben kann – bleibt dabei unbeantwortet oder gerät ganz und gar in Vergessenheit.

Auf der Suche nach Antworten übersehen viele Menschen, dass es eine Art Schlüssel zum Buch des Lebens gibt: die wissenschaftliche Methode. Dieser langweilig anmutende Schlüssel ist jedoch unser bestes und einziges Werkzeug, um Zugang zu den wahren Wundern des Lebens zu erlangen. Diese sind oftmals spannender und faszinierender als alles, was wir über unsere Welt zu wissen glauben.

Wenn wir uns in die Welt der Wissenschaft begeben, treten wir in eine Welt ein, in der die Dinge manchmal unvollständig erscheinen und Zusammenhänge für uns schwierig zu erkennen sind. Wissenschaft ist unvollendet, ehrlich und wandelbar – aber dafür belohnt sie uns in kleinen Schritten (und nicht immer auf dem schnellsten und geradesten Weg) mit der Enthüllung der fundamentalsten Wahrheiten. Sie ist das verkannte Wunderkind unter den Lebenseinstellungen und Weltanschauungen. Im Grunde beschäftigt sie sich mit denselben großen Fragen wie Religion und Philosophie, nur verfügt sie im Gegensatz zu jenen anderen Disziplinen auch über geeignete Mittel, um diese Fragen wirklich zu beantworten. Sie befasst sich mit dem Anbeginn und Ende aller Zeit und Materie, dem Ursprung des Lebens und unserem Platz im Universum. Ohne sprachliche oder kulturelle Barrieren kommuniziert sie weltweit in englischer Sprache und folgt denselben anerkannten Grundsätzen.

Wissenschaftler haben leider den Ruf, unterkühlte und berechnende Rationalisten zu sein – insbesondere in religiösen und abergläubischen Kreisen. Das ist ein großer Irrtum, denn die Fähigkeit zum Staunen, zur Demut und zur Ehrfurcht ist tief in allen Menschen verankert (Dawkins, 2009). Die moderne Naturwissenschaft liefert uns Einsichten in unser Universum und das verborgene Leben der Moleküle, die unsere Neugier und Ehrfurcht mehr befriedigen als jede Form von zusammenhangslosem Mystizismus, antikem Aberglauben oder Verschwörungstheorien. In einer Zeit, in der sich Wissenschaft und Gesellschaft immer weiter auseinanderbewegen und psychische Erkrankungen Hochkonjunktur haben, wird dieses wertvolle Potenzial übersehen.

## 1.3 Das Wunder der Wahrheit

Wissenschaft lebt von dem Zusammenspiel zweier augenscheinlich entgegengesetzter Fähigkeiten. Die erste unverzichtbare Fähigkeit ist, stets am Boden der Tatsachen zu bleiben, und zeigt sich in den fortwährenden Arbeitsschritten des Zweifelns, Testens und Korrigierens. Die zweite unverzichtbare Fähigkeit ist Vorstellungskraft. Denn ohne Vorstellungskraft und sogar eine ausgeprägte Fantasie wäre Wissenschaft äußerst unproduktiv. Es ist ein geduldsamer Zyklus der kreativen Schöpfung neuer Ideen und des demütigen Einlenkens in die Wahrheit. Manchmal mündet dieser Zyklus in einer neuen wissenschaftlichen Erkenntnis, deren Neuheit und Andersartigkeit sie für ihre Epoche schwer annehmbar machen.

## 1 Die Kraft der Wissenschaft

Das heliozentrische Weltbild, das nicht unsere Erde, sondern die Sonne in den Mittelpunkt stellt, klang zur damaligen Zeit ebenso absonderlich wie heute mancher Verschwörungsmythos. Gewisse Aspekte der allgemeinen Relativitätstheorie oder Quantenmechanik können für einen Laien eher nach Mystik oder Esoterik klingen als nach soliden physikalischen Konzepten. Wissenschaft lebt von gewagten Visionen. Was sie aber ausdrücklich und eindeutig von diesen anderen Gebieten unterscheidet, ist ihre selbstkritische und auf Erfahrungen basierende Arbeitsweise.

Wissen und die Fähigkeit, es auch als solches zu erkennen, ist zweifellos ein kostbares Gut. Um wirklich etwas grundlegend Neues zu erschaffen oder herauszufinden, benötigen wir aber mehr als nur Vorwissen oder die Bereitschaft, Protokolle zu befolgen – nämlich Kreativität. Die besondere Fähigkeit, scheinbar unzusammenhängende Dinge zu etwas Neuem zu kombinieren, ist der Treibstoff aller Innovation. Damit ist Kreativität möglicherweise sogar das höchste Gut überhaupt auf dieser Welt, denn geniale Ideen und Erfindungen haben einen gigantischen Marktwert und werden für die Zukunft unseres Planeten eine maßgebliche Rolle spielen. Die Chancen für die Verwirklichung kreativer Ideen stehen dabei umso besser, je solider das Fundament aus Fachkenntnissen und Fähigkeiten ist, auf dem sie aufbauen.

Seit Jahrhunderten arbeitet die wissenschaftliche Gemeinschaft an einem solchen Fundament, das immer mehr erweitert, verbessert und korrigiert wird. Nachfolgende Wissenschaftler haben das Privileg, ihre Fähigkeiten und Kreativität auf diesem robusten Fundament wüten zu lassen. Je kreativer ein Wissenschaftler ist und je besser er das Fundament kennt, desto größer ist die Wahrscheinlichkeit, dass er diesem Fundament ein neues und bleibendes Stückchen hinzufügen wird. Aberglaube, Esoterik oder Verschwörungstheorien hingegen sind wie Holzklötze, die man jemandem hinwirft, der gerade einen Lego-Turm baut. Sie lassen sich nirgends dauerhaft einfügen und können den Turm im schlimmsten Fall sogar beschädigen.

Wenn wir erkennen, dass unsere Welt aus Lego-Steinen gebaut ist, ist das nicht gleichbedeutend mit einer „Entzauberung" des Lebens oder dem Verlust aller „erhabenen Gefühle" – nur weil wir nicht mit Holzklötzen oder Murmeln werfen dürfen. Stattdessen ermöglicht uns diese Einsicht, die Welt mit der Unbegrenztheit kindlicher Kreativität aus Lego-Steinen zu formen. Atomphysiker, Chemiker und Molekularbiologen spielen im Prinzip so etwas wie sehr komplexes Lego. Und ebenso wie Spielen fördert auch die Wissenschaft unsere Achtsamkeit, Lernfähigkeit und Offenheit – und somit genau jene positiven Eigenschaften, deren lebensverlängerndes und gesundheitsförderndes Potenzial in zahlreichen Studien bestätigt wurde (Tang et al., 2015; Blackburn & Epel, 2017; Galli et al., 2018; Sakaki et al., 2018; Weiss et al., 2019; Sigmundsson, 2021).

Es ist bedauerlich, dass Naturwissenschaftler in der Regel nicht über die Mittel und die geeignete Wortwahl verfügen, um die Begeisterung für ihre Arbeit zu teilen. Der bekannte Evolutionsbiologe und Schriftsteller Richard Dawkins, der eindeutig zu den sprachbegabteren und weniger harmoniebedürftigen Wissenschaftlern gehört, schrieb in seinem Buch *Der entzauberte Regenbogen* (Dawkins, 2009):

„Das Gefühl des ehrfürchtigen Staunens, das uns die Naturwissenschaft vermitteln kann, gehört zu den erhabensten Erlebnissen, deren die menschliche Seele fähig ist. Es ist eine tiefe ästhetische Empfindung, gleichrangig mit dem Schönsten, das Dichtung und Musik uns geben können … Stellen wir uns einmal Beethovens ‚Evolutionssymphonie' vor, ein Oratorium ‚Das expandierende Universum' von Haydn oder das Epos ‚Die Milchstraße' von Milton …"

Heute tauchen wissenschaftliche Themen nahezu ausschließlich in Science-Fiction-Werken auf, wobei es so gut wie nie einem dieser Werke gelingt, auch tatsächlich als wissenschaftlich eingestuft zu werden. Zwischen all den zahllosen Büchern und Filmen existieren jedoch auch Meisterwerke, denen es gelungen ist, Filmkunst, Literatur und Wissenschaft auf einzigartige Weise miteinander zu vereinen – beispielsweise „Contact" oder „Interstellar" (Sagan, 1997; Thorne, 2014). Diese Werke stehen symbolisch dafür, dass die Beantwortung wichtiger menschlicher Fragen in erster Linie davon abhängt, wie viel Zeit, Denkkraft und Mittel man der Wissenschaft zur Beantwortung dieser Fragen zur Verfügung stellt. Als etwas, das von der ganzen Gesellschaft getragen und finanziert wird, ist die Forschung in besonderem Maße davon abhängig, dass Wissenschaftler der Menschheit die Bedeutung ihrer Arbeit vermitteln. Dafür müssen Wissenschaftler aber aus ihrer sicheren Komfortzone herauskommen und damit beginnen, neben Forschungsergebnissen auch ihre Leidenschaft und Motivation zu zeigen.

## 1.4 Mit der Lizenz zum Zweifeln

Emotionen zu teilen ist für Wissenschaftler alles andere als leicht, denn wissenschaftliches Arbeiten und Schreiben ist seiner Natur nach außerordentlich sachlich und genau. Jeder Satz und jeder Wortlaut in einer wissenschaftlichen Arbeit wird gewöhnlich zigmal umgestellt und korrigiert, bevor er veröffentlicht wird. Dies hat einen guten Grund, denn Fehlinterpretationen sind eine große Gefahr – unabhängig davon, ob sie vom Verfasser oder vom Interpreten ausgehen. Es setzt relativ viele Fachkenntnisse voraus, um aus dem sachlichen Understatement eines wissenschaftlichen Artikels den wahren Wert einer Arbeit herauszulesen.

Ein berühmtes Beispiel ist die Erstveröffentlichung der DNA-Struktur, die am 25.04.1953 in dem Journal *Nature* erschien. Am Ende ihres nur eine Seite langen Artikels schrieben die beiden späteren Nobelpreisträger James Watson und Francis Crick lediglich: „Es ist unserer Aufmerksamkeit nicht entgangen, dass die spezifische (Basen-)Paarung, die wir postuliert haben, unmittelbar einen möglichen Vervielfältigungsmechanismus nahelegt" (Watson & Crick, 1953).

Angesichts der Konsequenzen dieser Entdeckung für die biomedizinische Forschung des 20. Jahrhunderts könnte man diese Formulierung als beispiellose Tiefstapelei betrachten. Nur wer zu jener Zeit selbst an der Entschlüsselung der DNA-Struktur und den Mechanismen der Vererbung gearbeitet hat, hätte erahnen können, dass mit einer einzigen bescheidenen Zeile die gewaltigste Revolution der biologischen und medizinischen Forschung zum Rollen gebracht werden sollte, die es jemals in der Menschheitsgeschichte gegeben hat. Die Entdeckung der DNA-Struktur war der Schlüssel zur Sprache allen Lebens auf unserem Planeten, die Grundlage für die Herstellung von Proteinen und Enzymen, die Basis, um Krankheiten zu verstehen, und läutete das Zeitalter der Gentechnik ein.

Dennoch ist der von Watson und Crick gewählte Schreibstil sowohl typisch für Wissenschaftler als auch fachlich korrekt. Selbst wenn wissenschaftliche Arbeiten eine herausragende Bedeutung erahnen lassen, müssen sie zuerst den Wiederholungen und Beobachtungen anderer

Wissenschaftler standhalten, bevor sie als neues Wissen akzeptiert werden. Vorläufige Zurückhaltung ist daher vollkommen zu Recht die Sprache der Wissenschaft und gleichzeitig ihr einfachstes Erkennungsmerkmal. Ihr ewiges Zweifeln unterscheidet seriöse Wissenschaft von selbsternannten Experten und Fake News, die man leicht an ihrer emotionalen und eindeutigen Sprache erkennt. „Echte" Wissenschaft ist immer skeptisch und selbstkritisch.

Diese selbstkritische Arbeitsweise bedeutet aber, dass Wissenschaftler andere Wege finden müssen, um die Zusammenhänge und Auswirkungen ihres inzwischen belegten Wissens mit der Gesellschaft zu teilen. Dem Image der Naturwissenschaft würden kommunikationsfreudige und begeisterte Wissenschaftler wesentlich mehr nützen als zirkusreife „Spaßversuche" im Schulunterricht oder Kindergarten mit dem Ziel, Kinder für Naturwissenschaften zu begeistern. Derartige Versuche mögen zwar für das ein oder andere Kind unterhaltsam sein, haben aber wenig mit echter Wissenschaft zu tun und begeistern eher die Falschen für ein Arbeitsgebiet mit völlig anderen Herausforderungen (Dawkins, 2009).

Wissenschaft kann natürlich unterhaltsam und spannend sein. Aber Wissenschaft fordert in erster Linie ein hohes Maß an Gewissenhaftigkeit und Durchhaltevermögen, das nur mit genuiner Begeisterung und tiefgreifendem Interesse gepaart eine erfüllende Lebensaufgabe darstellen kann. Der Funken einer zündenden Idee aber kann für einen Wissenschaftler so bewegend sein, dass er an nichts anderes mehr denken kann und keine Ruhe mehr findet, ehe er seine Experimente gemacht und alles zu Papier gebracht hat. Der berühmte Astrophysiker und Pulitzer-Preisträger Carl Sagan verglich das brennende Verlangen, eine wissenschaftliche Erkenntnis mit der Welt zu teilen, sogar mit dem Gefühl des Verliebtseins: „When you are in love, you want to tell the world" (Sagan et al., 2011).

Was muss Albert Einstein empfunden haben, als er im Jahr 1905 an einem Tag im Mai bei seinem Freund, dem Ingenieur Michele Besso, in dessen Wohnung saß und mit ihm über Physik debattierte – als Einstein plötzlich aufsprang und nach Hause lief. In diesem Moment hatte er die zündende Idee für die spezielle Relativitätstheorie, die er in fünf Wochen unermüdlicher Arbeit auf 30 Seiten formulierte und bei den *Annalen der Physik* einreichte.

Das Jahr 1905 wurde für Albert Einstein zum Wunderjahr (Annus mirabilis). Er veröffentlichte fünf herausragende Arbeiten, die Wissenschaftsgeschichte schrieben und von denen ihm eine später sogar den Nobelpreis einbrachte. Aber Einstein war noch lange nicht fertig mit seiner Arbeit. Er stürzte sich erneut unermüdlich in Arbeit und veröffentlichte im Jahr 1915 schließlich seine allgemeine Relativitätstheorie, die auch heute noch als die „Krone der Physik" angesehen wird (Bührke, 1999).

Kennt man den Werdegang Albert Einsteins, der aufgrund seiner verzögerten Sprachentwicklung und unbeholfenen Art von dem Hausmädchen der Familie als „der Depperte" bezeichnet wurde und später als Schweizer Patentbeamter arbeitete, kommt man nicht umhin, seine gewaltigen intellektuellen Leistungen buchstäblich als Wunder zu bezeichnen (Brackmann, 2020). Bis heute hat die allgemeine Relativitätstheorie allen Beobachtungen und Berechnungen standgehalten und gehört zum Grundwissen und Handwerkszeug eines jeden Physikers (eine Ausnahme bildet die Welt der Quantenmechanik, in der für ganz kleine Objekte wie Atome und subatomare Teilchen völlig andere Regeln gelten). Einstein selbst beschrieb seine allgemeine Relativitätstheorie später als „von unvergleichlicher Schönheit" (Bührke, 1999).

## 1.5 Grenzen auflösen

Wissenschaftliches Denken steht nicht im Widerspruch zu Gott, sondern im Widerspruch damit, veraltete Konzepte und Weltanschauungen kritiklos als eine Art „Palliativbehandlung" gegen Ängste und Sorgen zu akzeptieren. Die nach Wahrheit strebende wissenschaftliche Methode des Testens und Korrigierens ist nicht nur demütiger, sondern liefert auch intellektuell befriedigendere und mächtigere Antworten auf die Frage nach einer höheren Kraft als Erzählungen von einem hiesigen Gott, der nur unsere kleine Erde schuf und dabei das gesamte Universum mit seinen Naturgesetzen außen vor ließ (Sagan, 2006).

Es ist heute schwer vorstellbar, dass Wissenschaft und Religion vor langer Zeit nahezu ein und dasselbe waren. Beide suchten nach der „Wahrheit" und befassten sich mit ähnlichen Fragen, wie dem Ursprung der Zeit oder dem Ende des Lebens. Als die Wissenschaft begann, ihre Konzepte immer mehr zu erweitern, und sprichwörtlich nach den Sternen griff, kam es zu einem tiefen Bruch mit der Religion, die dogmatisch an ihrer antiken Weltsicht festhielt (Sagan, 2006). Was würde geschehen, wenn wir die antike Freundschaft von Wissenschaft, Religion und Philosophie wiederherstellen? Woran würde die Menschheit „glauben", wenn Zweifeln erlaubt wäre? Zweifeln ist keine Schwäche, sondern eine ganz besondere Stärke der Menschheit. Einzig und allein die Fähigkeit, Irrtümer zu erkennen und zu korrigieren, bringt uns der Wahrheit näher.

Die Naturwissenschaft hat beeindruckende Konzepte hervorgebracht und Gesetze formuliert, die unglaublicher und faszinierender sind als jede Version der Schöpfungsgeschichte. Und damit ist nicht nur die Evolutionstheorie gemeint, sondern eine Erweiterung dieser klassischen

Theorie auf viel grundlegendere Konzepte der Physik, Chemie und Molekularbiologie. Alles Leben und jeder Gegenstand, den wir kennen besteht aus Elementen, die entweder „kurz" nach dem Urknall spontan gebildet wurden (Wasserstoff und Helium) oder durch Fusionsreaktionen in Sternen und Sternenexplosionen entstanden sind und noch immer gebildet werden (alle schwereren Elemente). In einem geschlossenen Ökosystem wie unserer Erde bedeutet das seit Milliarden von Jahren andauernde „Recycling" der Elemente in biochemischen Kreisläufen, wie dem Kohlenstoffzyklus, nichts anderes als die wahrhaftige Wiederauferstehung der immer gleichen Materie in verschiedenen Lebensformen.

Der Fluss der Zeit ist nicht absolut, sondern relativ. Unser Universum besteht zum Großteil aus einer Art von Energie und Materie, die wir bisher weder nachweisen noch verstehen können. Wir haben überhaupt keine Ahnung, was im Inneren schwarzer Löcher geschieht oder was den Urknall auslöste. Wir wissen nicht einmal, ob unser Universum das einzige ist und was sich jenseits seiner Grenzen befindet. Abermilliarden bewohnbare, fremde Planeten scheinen in unerreichbarer Entfernung neben uns zu existieren. Die spannendsten und wichtigsten Fragen des Lebens sind noch lange nicht gelöst und warten darauf, von uns erforscht und beantwortet zu werden.

Die Evolution hat uns einzigartige Fähigkeiten wie vorausschauendes Denken, Zweifeln und Kreativität verliehen. Wir sollten diese Fähigkeiten tunlichst nutzen, anstatt diese Gaben und unsere wertvolle Zeit auf Erden wie Sand zwischen den Fingern zerrinnen zu lassen.

# Literatur

Blackburn, E., & Epel, E. (2017). *The telomere effect: A revolutionary approach to living younger, healthier, longer.* Hachette UK.

Brackmann, A. (2020). *Extrem begabt (Leben Lernen, Bd. 311): Die Persönlichkeitsstruktur von Höchstbegabten und Genies.* Klett-Cotta.

Bührke, T. (1999). *„E= mc2." Einführung in die Relativitätstheorie 2.* dtv.

Dawkins, R. (2009). *Der entzauberte Regenbogen: Wissenschaft. Aberglaube und die Kraft der Phantasie.* Rowohlt.

Galli, G., et al. (2018). Learning facts during aging: The benefits of curiosity. *Experimental Aging Research, 44*(4), 311–328.

Sagan, C. (1997). *Contact: Roman;[eine Mission ins Herz des Universums].* Droemer Knaur.

Sagan, C. (2006). *The varieties of scientific experience: A personal view of the search for God.* Penguin.

Sagan, C., et al. (2011). *Cosmos.* Random House Publishing Group.

Sakaki, M., et al. (2018). Curiosity in old age: A possible key to achieving adaptive aging. *Neuroscience & Biobehavioral Reviews, 88,* 106–116.

Sigmundsson, H. (2021). Passion, grit and mindset in the ages 14 to 77: Exploring relationship and gender differences. *New Ideas in Psychology, 60,* 100815.

Tang, Y.-Y., et al. (2015). The neuroscience of mindfulness meditation. *Nature Reviews Neuroscience, 16*(4), 213–225.

Thorne, K. (2014). *The science of Interstellar.* Norton.

Watson, J. D., & Crick, F. H. (1953). Molecular structure of nucleic acids: A structure for deoxyribose nucleic acid. *Nature, 171*(4356), 737–738.

Weiss, D., et al. (2019). Is age more than a number? The role of openness and (non) essentialist beliefs about aging for how young or old people feel. *Psychology and Aging, 34*(5), 729.

# 2

# Wissenschaft lernt nie aus

*Sagen Sie den Menschen, dass es einen unsichtbaren Mann am Himmel gibt, der das Universum erschaffen hat, und die große Mehrheit wird Ihnen glauben. Sagen Sie ihnen, dass das Gemalte nass ist und sie müssen es berühren, um sich zu vergewissern.*

*(George Carlin)*

Kinder werden als kleine Wissenschaftler geboren, vor deren Erkundungsdrang nichts sicher ist und die uns kein Wort glauben, bis sie es nicht selbst getestet haben. Sie können einem Kleinkind beliebig oft sagen: „Klettere nicht auf den Hocker, es tut weh, wenn du runterfällst!" Es wird Ihnen diese Aussage nicht einfach glauben. Es wird mit 100 %iger Sicherheit so oft versuchen auf den Hocker zu klettern, bis es herunterfällt und Ihnen schreiend vorwurfsvolle Blicke zuwirft.

Das nächste Mal wird es vorsichtiger sein und sich besser festhalten. Das Kind hat in diesem Augenblick nichts anderes gemacht als ein wissenschaftliches Experiment mit allen dazugehörigen Schritten. Der erste Schritt des Hinterfragens („Kann ich da rauf klettern?") wird gefolgt von dem ersten Versuch (Besteigen des Hockers) und dem Scheitern (schmerzhafter Absturz). Danach folgt die Fehlerkorrektur (besseres Festhalten; nicht nach hinten lehnen). Diese Schritte werden von nun an solange wiederholt und verfeinert, bis das Kind das Besteigen eines Hockers sicher beherrscht.

Dieses wissenschaftliche Verhalten ist die Grundlage des menschlichen Lernens und Voraussetzung dafür, sich an immer neue Umweltbedingungen anzupassen. Es ist ein überlebensnotwendiger Prozess, dessen Meisterung daher von der Evolution mit einem „Dopaminschub" im Gehirn „belohnt" wurde. Dopamin sorgt dafür, dass uns Lernen Spaß macht.

Im Idealfall sollte das kindliche Gehirn irgendwann durch Beobachtung lernen, dass das, was Eltern oder andere Bezugspersonen vorhersagen, mit überzufälliger Wahrscheinlichkeit eintrifft. Unser Gehirn erstellt anhand seiner Erfahrungen ständig unterbewusst Konzepte und Theorien über seine Umgebung. Unser Gehirn ist dabei – zumindest im greifbaren persönlichen Bereich – ein guter Statistiker. Je nachdem, wie häufig die Vorhersagen eintreffen, wird das Kind lernen den Aussagen seiner Eltern mehr oder weniger Beachtung zu schenken.

Dies ist auch der Grund, warum Kinder häufig nicht auf übervorsichtige Eltern hören. Das Gehirn des Kindes zieht unterbewusst die Bilanz, dass es sich nicht lohnt, auf die Mutter oder den Vater zu hören, da das prophezeite Unglück meist ausbleibt.

Je mehr Erfahrungen wir machen, desto mehr Informationen hat unser Gehirn, um diese Konzepte zu verbessern. Unterbewusste Konzepte werden als „Bauchgefühl" oder „Intuition" bezeichnet, bewusste Konzepte nennen wir im Volksmund „Weisheit". Und obwohl wir im Alter meist „weiser" sind, ist Alter kein Garant für Weisheit. Wer in jungen Jahren gewaltig in die Bresche haut, kann durchaus „weiser" sein als manch älterer Mensch.

Die bewussten und unterbewussten Konzepte, die unser Handeln steuern, entstehen durch die wissenschaftliche Arbeitsweise unseres Gehirns, die man als „empirisch" bezeichnet. Empirisch bedeutet, dass eine Einsicht infolge von Versuch und Irrtum oder statistischer Beobachtung entstanden ist. Es ist die methodische Sammlung von Daten und steht diametral dem gegenüber, was wir mit dem Wort „glauben" bezeichnen. Glauben bedeutet, etwas für wahr zu halten, ohne ausreichend „empirische" Beweise dafür zu besitzen.

## 2.1 Wissenschaft im Alltag

Um wissenschaftlich zu denken und zu handeln, muss man weder Naturwissenschaften studiert haben noch in einem wissenschaftlichen Beruf arbeiten. Ein Konditor kann solange an der perfekten Schokoladentorte feilen, dass die Redewendung „eine Doktorarbeit daraus machen" ihre Berechtigung findet.

Der passionierte Konditor wird seine Rezepturen solange testen und verfeinern, bis sie gelingen. Er wird seine Fortschritte akribisch dokumentieren, das perfekte Rezept für den Tortenboden festhalten und weiter mit der Glasur experimentieren. Am Ende wird seine gelungenste Kreation möglicherweise in einer Zeitschrift veröffentlicht oder für immer als Erfolgsrezeptur eines Verkaufsschlagers geheim gehalten.

Wissenschaftler machen im Prinzip nichts anderes. Man kann sich jeder Sache mit der Neugier und Beharrlichkeit eines Wissenschaftlers widmen. Wissenschaftler erlauben sich daher gerne den Scherz, die Back- oder Kocherfolge von Kollegen mit deren wissenschaftlichen Leistungen in Bezug zu setzen. Ist die Geburtstagstorte gelungen, heißt es: „Ein guter Wissenschaftler, ist auch immer ein guter Bäcker." Daher ist der Leistungsdruck angesichts eines nahenden Geburtstages für Wissenschaftler eine nicht zu unterschätzende Belastungsprobe.

Die Arbeitsweise der Wissenschaft zu verstehen, bereichert nicht nur unser Denken. Vor allem hilft uns das Verständnis der wissenschaftlichen Methode, im Zeitalter des „Infotainments" die Orientierung zu behalten und nicht im Sog von minütlich aktualisierten News-Flüssen zu ertrinken.

Wissenschaft ist kein gutes Futter für oberflächliche oder emotionsgeladene Diskussionen, denn diese verkennen und missachten ihre grundlegendsten Prinzipien. Stattdessen können wir von ihr lernen, wie man höflicher und sachlicher argumentiert. Ihr Ziel sind stets konstruktive Lösungen und ein maximaler Erkenntnisgewinn, weshalb in wissenschaftlichen Arbeitsgruppen und Forschungsorganisationen meist sehr flache Hierarchien herrschen. Es ist sogar üblich, dass sich alle, vom technischen Assistenten bis hin zum leitenden Professor, duzen. Dies fördert den größtmöglichen Wissensaustausch, dem steile Hierarchien bloß im Wege stehen würden. Es wäre doch zu schade, wenn der neue technische Assistent oder Doktorand mit den guten Ideen sich nicht traut, diese seinem Chef mitzuteilen.

In anderen Berufen, wie beispielsweise der Medizin, ist es hingegen extrem wichtig, dass alle Beteiligten sich an genau vereinbarte Abläufe und Anweisungen halten. Von der Krankenschwester bis hin zum Assistenzarzt haben alle den Anweisungen des leitenden Oberarztes oder Chefarztes Folge zu leisten. Entsprechend sind hier steile Hierarchien ebenso notwendig wie in der Wissenschaft flache Hierarchien.

## 2.2  Geistige Flexibilität

Auch wenn es in den Medien gelegentlich den Anschein erweckt, streiten Wissenschaftler nicht gerne über Meinungen, sondern vertreten lediglich verschiedene Arbeitshypothesen. Das sind Vorschläge und Ideen, wie etwas möglicherweise funktionieren könnte. Wenn alle Studien gemacht wurden, wird ein Wissenschaftler ohne Zweifel die überzeugendsten Daten als „am wahrscheinlichsten" akzeptieren.

Wissenschaftliche Konzepte oder Theorien gelten genau so lange, bis wiederholt und unfälschlich neue Hinweise oder Beweise auftauchen, die nicht mit dem gängigen Konzept in Einklang gebracht werden können. In diesem Fall muss das alte Konzept erweitert oder sogar durch ein völlig neues Konzept ersetzt werden. Wissenschaftler testen stets ihre Hypothesen. Das ist etwas grundsätzlich anderes, als sie blind gegen jede Kritik zu verteidigen.

Ein seriöser Wissenschaftler stellt eine Hypothese auf und formuliert gleichzeitig die Bedingungen, unter denen er sie wieder fallen lassen müsste. Eine derartige Herangehensweise spart Zeit und Kosten – vorausgesetzt man ist auch wirklich an der Wahrheit interessiert. Das Eingeständnis von Schwachstellen in einer Hypothese oder Forschungsarbeit ist kein Zeichen für schlechte, sondern für gute Wissenschaft. Eine Lücke in einem gängigen Konzept ist ein Grund für Aufregung und weckt Neugier, denn hier gibt es noch etwas Spannendes zu entdecken. Große wissenschaftliche Entdeckungen beginnen entgegen aller Klischees nicht mit lauten Rufen der Begeisterung („Heureka!"), sondern mit dem bescheidenen Murmeln: „Das ist interessant."

Die Tatsache, dass wir unser Universum trotz aller Bemühungen noch nicht verstehen, ist aufregend – aber keineswegs eine persönliche Kränkung. Wissenschaftler sind sich ihrer geistigen Unterlegenheit zu jedem Zeitpunkt vollkommen bewusst. Sie sind aufmerksame Beobachter, die dankbar alles annehmen, was die Natur uns von sich preisgibt. Um ihre Hinweise richtig zu deuten, benötigen Wissenschaftler vor allem eine Fähigkeit, die als geistige Flexibilität bezeichnet wird. Nur mit ihrer Hilfe können wir Situationen in alle Richtungen durchspielen, aufschlussreiche Experimente planen und die richtigen Schlüsse aus ihnen ziehen.

Ohne die wissenschaftliche Denk- und Arbeitsweise zu verstehen, werden wissenschaftliche Erkenntnisse als Ideologien oder Meinungen missbraucht, die weitere Glaubenskriege anheizen. Dabei liegt die Essenz des wissenschaftlichen Denkens gerade in dieser besonderen und verträglichen Eigenschaft, unabhängig von persönlichen und voreingenommenen Meinungen zu denken. Die Kernphysikerin Lise Meitner fasste es einst sehr treffend zusammen:

> „Das ist in meinen Augen gerade der Wert der naturwissenschaftlichen Ausbildung, dass wir lernen müssen, Ehrfurcht vor der Wahrheit zu haben, gleichgültig, ob sie mit unseren Wünschen oder vorgefassten Meinungen übereinstimmt oder nicht" (Brackmann, 2020).

Wissenschaftlern wird gelegentlich vorgeworfen, sie seien überheblich oder arrogant. Diese Sichtweise spiegelt wider, wie sehr wir versagt haben, das, was wir eigentlich tun, mit unserer Gesellschaft zu teilen. Die allermeisten Wissenschaftler plagen sich täglich mit Komplikationen, missglückten Experimenten, finanziellen Engpässen und Zweifeln herum. Um gesellschaftlichen Debatten aus dem Weg zu gehen, üben sie sich in Zurückhaltung und treffen wichtige Entscheidungen unter Ausschluss der Öffentlichkeit.

Berechtigter Stolz ist jedoch nichts, wofür sich Wissenschaftler zu schämen bräuchten. Zurückhaltung kann sogar gefährlich werden, denn sie macht die Bühne für all jene frei, die ihre hausgemachten Therapien, Wunderkuren und Ideen – von keinerlei Komplikationen oder Zweifel geplagt – lauthals anpreisen. Es ist nicht bloß eine „Meinungsverschiedenheit", wenn wirkungslose bis giftige Substanzen beispielsweise als Wunderwaffe gegen Krebs angepriesen werden, sondern Körperverletzung. Wissenschaftliches Denken ist tief in allen Menschen verankert – nicht nur in wenigen studierten Naturwissenschaftlern. Und diese Denkweise muss dringend ihr Selbstbewusstsein zurückerlangen.

## 2.3 Meinungen, Hypothesen, Theorien und Fakten

Die Naturwissenschaft hat durchaus Konzepte hervorgebracht, die wir inzwischen ohne längeres Zögern als „Fakten" oder „Wahrheit" bezeichnen können. Unglücklicherweise betiteln Wissenschaftler gerade diese mit dem Begriff „Theorie", wie beispielsweise die „Evolutionstheorie", die „Atomtheorie" oder die „Relativitätstheorie" – denn das Wort „Theorie" hat in der Wissenschaft eine ganz andere Bedeutung als im normalen Sprachgebrauch. Während eine Theorie umgangssprachlich mit einer Hypothese gleichzusetzen ist, sind diese Dinge für einen Wissenschaftler zwei verschiedene Paar Schuhe.

Eine Hypothese ist das, was ein Wissenschaftler zu Beginn eines Projektes aufstellt. Sie ist eine Idee oder ein Vorschlag, wie etwas möglicherweise funktionieren könnte. Diese Hypothese wird dann mithilfe von Experimenten oder Beobachtungen untersucht und die Ergebnisse werden veröffentlicht. Wenn sich diese Experimente oder Beobachtungen von anderen Wissenschaftlern mit demselben Ergebnis wiederholen lassen, werden sie als „reproduzierbar" bezeichnet und erhalten die Zustimmung der wissenschaftlichen Gemeinschaft. An diesem Punkt wird eine wissenschaftliche „Hypothese" zu einer etablierten wissenschaftlichen „Theorie" (Deamer, 2020). Doch selbst eine wissenschaftliche Theorie ist niemals in Stein gemeißelt. Theorien können erweitert und ergänzt werden, wenn Bereiche auftauchen, in denen sie scheinbar keine Gültigkeit besitzen.

Wissenschaftler dachten lange, dass Vererbung und Evolution nur auf Ebene der Gene und in Form des „geschriebenen" genetischen Codes stattfinden können, bis immer mehr Unstimmigkeiten auftauchten. Zum einen waren manche Anpassungen in der Entwicklungsgeschichte der Menschheit viel zu rasant, um durch klassische Vererbung erklärbar zu sein. Zum anderen entdeckten Wissenschaftler immer mehr nachträglich hinzugefügte chemische Veränderungen der DNA-Struktur von Lebewesen, die „Modifikationen" genannt werden.

Ein Beispiel für solche Modifikationen sind „Methylierungen". Diese kleinen Anhängsel aus Kohlenwasserstoffen regulieren die Aktivität von Genen, indem sie verhindern, dass die besetzten DNA-Sequenzen gelesen und ihre Genprodukte hergestellt werden. Noch erstaunlicher ist allerdings die Tatsache, dass das Muster dieser DNA-Modifikationen von Generation zu Generation weitergegeben werden kann – also vererbbar ist. Mit dieser erstaunlichen Entdeckung war das Forschungsgebiet der „Epigenetik" geboren, von dessen Mechanismen wir auch heute noch nur relativ wenig verstehen.

Ein faszinierendes Beispiel für die „Macht der Epigenetik" findet man bei den Honigbienen. Die Bienenkönigin ist das einzige fruchtbare Weibchen in einem Bienenstock. Von den Arbeiterbienen umsorgt, legt sie täglich bis zu 2000 Eier – mehr als ihr eigenes Körpergewicht. Aus den befruchteten Eiern schlüpfen nach etwa 21 Tagen die fleißigen Arbeiterbienen, die je nach Alter unterschiedliche Arbeiten im Stock übernehmen. Wenn der vom Hochzeitsflug stammende Samenvorrat der Bienenkönigin allmählich zu Ende geht, beginnt sie auch unbefruchtete Eier zu legen, aus denen Bienenmännchen schlüpfen. Die männlichen Bienen werden Drohnen genannt und ihre Zeugung in Abwesenheit eines Vaters „Jungfernzeugung".

Wie aber werden Königinnen gezeugt? Pheromone im Bienenstock signalisieren den Arbeiterbienen, wenn die Königin alt wird oder das Volk zu groß und durch Ausschwärmen geteilt werden muss. Die Arbeiterinnen beginnen einige der mit befruchteten Eiern besetzten Brutzellen zu Weiselzellen umzubauen und füttern die Larven darin mit einem exklusiv für Königinnen bestimmten Futtersaft – dem „Gelée royale". Allein die Fütterung mit Gelée royale entscheidet, ob aus einer Larve eine kleine unfruchtbare Arbeiterin oder eine große geschlechtsreife Bienenkönigin wird, die mit einer Lebenserwartung von 3 bis 4 Jahren auch deutlich älter wird als Arbeiterinnen oder Drohnen, die nur wenige Monate leben. Innerhalb weniger Tage verändert das Gelée royale das epigenetische Methylierungsmuster der Bienen-DNA.

Heute wissen wir, dass die Epigenetik das Bindemittel zwischen Genen und Umwelt ist. Umwelteinflüsse können sich epigenetisch im Erbgut festsetzen und an nachfolgende Generationen weitergegeben werden. Diese Umwelteinflüsse beinhalten auch menschliches Verhalten und damit die Kultur und die Gesellschaft, in der ein Mensch lebt.

Sogar Hungersnöte, Fehlernährung oder traumatische Erlebnisse können auf epigenetischem Wege über Generationen hinweg in Form von Stoffwechselstörungen (z. B. Typ-2-Diabetes) oder Verhaltensstörungen weitergereicht werden (Heijmans et al., 2008; Bowers & Yehuda, 2016). Weibliche Mäuse, die während der Schwangerschaft großem Stress ausgesetzt waren, vernachlässigen ihre Jungen. Wenn ihre Mäusekinder erwachsen sind, vernachlässigen diese ebenfalls ihre Jungen – selbst wenn sie von einer fürsorglichen Leihmäusemutter gesäugt und gepflegt wurden (Franklin et al., 2010; Kundakovic & Champagne, 2015).

Viele weitere Experimente lassen erahnen, wie groß der Einfluss der Epigenetik in Wirklichkeit sein könnte. Neben epigenetischen Veränderungen direkt an der DNA wurden in jüngster Zeit noch andere epigenetische Informationsträger identifiziert, darunter Stoffwechselprodukte und langlebige RNA-Moleküle (Horsthemke, 2018; Gapp et al., 2021). Diese können als Passagiere im Inneren von Spermien oder Eizellen epigenetische Informationen über die Generationsgrenze hinweg transportieren[1].

---

[1] Als Wissenschaftlerin erlaube ich mir an dieser Stelle vorsichtshalber einmal kurz in das „Mindset" eines Verschwörungstheoretikers zu wechseln: Nein, dies ist nicht der Beweis, dass mRNA-Impfungen unser Erbgut verändern oder unfruchtbar machen. Die in den Studien nachgewiesenen RNAs sind wesentlich kleiner und anderer Natur als die langen, linearen und kurzlebigen mRNAs unserer Körperzellen zur Herstellung von Proteinen.

Die Spielregeln der „Evolutionstheorie" behalten dennoch ihre Gültigkeit. Nur wissen wir inzwischen, dass Evolution vielschichtiger und komplexer ist, als allgemein bekannt ist. Jedes Lebewesen wirft seinen „Gensatz" inklusive aller Modifikationen und Mutationen ins Spiel. Wer überlebt, darüber entscheidet seine Umwelt, bestehend aus Klima, Nahrungsangebot, kulturellen und gesellschaftlichen Normen und deren Vorlieben – und natürlich immer einer Prise Zufall oder „Glück".

Das Beispiel Genetik veranschaulicht wunderbar eine weitere besondere Eigenschaft der Wissenschaft: Wachsendes Wissen macht leider kaum etwas einfacher, sondern meist nur komplizierter. Wenn man versucht alle verschiedenen Aspekte unter einen Hut zu bekommen, wird es schwierig zu erkennen, was am Ende unter dem Strich dabei herauskommt. Wissenschaftler sind deshalb zunehmend von Informatikern und Computerprogrammen abhängig, die ihnen helfen, die enormen Datenmengen und Interaktionen zu verstehen und zu simulieren.

## 2.4 Wissenschaft richtig präsentieren

Wissenschaft ist ein Gemeinschaftsprojekt und wird auch in Zukunft nur als ein solches überleben können. Da Wissenschaftler die wissenschaftliche Methode und deren Denkweise und Umgangsformen anerkennen, funktioniert Wissenschaft über alle Fachrichtungen, Länder und sogar Generationen hinweg.

Genau genommen existieren eigentlich überhaupt keine verschiedenen Disziplinen der Wissenschaft. Sondern alle Fachgebiete sind Teil ein und derselben Wissenschaft, die anhand der wissenschaftlichen Methode unsere Welt erforscht. Es ist eine einfache thematische Unterteilung.

Physiker, Chemiker und Molekularbiologen erforschen aber alle dieselben Atome. In Zeiten zunehmender Spezialisierung und Abgrenzung brauchen wir mehr denn je die Rückkehr zu einer Wissenschaft, die nicht nur die Grenzen einzelner Fachgebiete überblickt, sondern die sich auch wieder mit anderen Disziplinen versöhnt. Frühere Universalgelehrte, wie Leonardo da Vinci oder Alexander von Humboldt, besaßen die Gabe, neue Forschungsergebnisse mit Hilfe ihres breitgefächerten Wissens zu völlig neuen Gesamtbildern zusammenzufügen. Bildhafte, gefühlvolle Sprache und der häufige Einsatz künstlerischer Darstellungen, erlaubten es ihnen, ihre geliebte Wissenschaft einer möglichst breiten Bevölkerung zugänglich zu machen.

Die Corona-Krise hat gezeigt, dass gerade die Medien heutzutage der wissenschaftlichen Denkweise nur wenig abgewinnen können und Vertreter von eindeutigen Positionen bevorzugen. Aus Angst vor Fehlinterpretationen versuchen Politiker, Medien und auch Wissenschaftler ihre Daten vermehrt wie in Stein gemeißelte Doktrinen und Glaubenssätze zu präsentieren. Aber gerade das könnte ein fataler Fehler sein, denn durch diese Art der Berichterstattung gerät genau jene Eigenschaft der Wissenschaft in Vergessenheit, die sie so ausdrücklich von dem abhebt, was wir Meinungen und Ideologien nennen: ihre aufrichtige Bereitschaft, sich stets selbst zu hinterfragen.

Als Antwort auf offene Fragen akzeptiert die Wissenschaft nur wiederholte Versuche, die auf Irrtümern und Misserfolgen aufbauen. Man kann über die Interpretation von Ergebnissen diskutieren und über die richtige Fragestellung, aber man kann nicht daran rütteln, dass die wissenschaftliche Methode der beste Lösungsweg ist.

Gibt es für eine Fragestellung noch keine Untersuchungsmöglichkeit, dann äußert sich die Wissenschaft nicht zu dieser Fragestellung, bis sie die geeigneten Mittel und Wege gefunden hat, oder die Fragestellung erübrigt sich inzwischen durch andere neue Daten. Es geht in der Wissenschaft nicht darum, etwas zu beweisen, sondern darum, etwas herauszufinden. Das ist tatsächlich ein großer Unterschied, denn Letzteres ist ein unvoreingenommener Vorgang. Er verlangt von uns, dass wir uns der Wahrheit beugen, auch wenn sie nicht zu unseren ursprünglichen Vermutungen und Hypothesen passt. Und dieser Prozess ist spannend, sogar verdammt spannend, wenn man bereit ist, sich von Ergebnissen überraschen zu lassen.

Wissenschaftler wissen, dass sie weit davon entfernt sind, im Besitz der endgültigen Wahrheit zu sein. Alle großen wissenschaftlichen Theorien der Vergangenheit wurden inzwischen widerlegt, ergänzt oder von übergeordneten Theorien „geschluckt". Wissenschaftler sollten sich dieser Tatsache stets bewusst sein. Wir bewegen uns in Richtung Wahrheit und kommen ihr mit der Zeit immer näher.

Zu wissen, dass wir die Welt noch nicht – oder möglicherweise nie – mit unseren menschlichen Sinnen begreifen werden, hält unseren Geist dafür offen, im rechten Moment die Richtung zu wechseln. Wir dürfen im sicheren Hafen unserer Überzeugungen nicht blind für andere Hinweise werden. Ewig revidierend, nähern wir uns über die Jahrhunderte unserem Ziel.

Gerade an diesem spannenden Prozess, zur richtigen Zeit die richtigen Fragen zu stellen und darauf mitunter unvorhersehbare Antworten zu erhalten, müssen Wissenschaftler unsere Gesellschaft teilhaben lassen. Transparenz zeigt nicht nur, wie Forschung funktioniert, sondern generiert auch Vertrauen. Ein guter Ansatz gegen eine wachsende Wissenschaftsfeindlichkeit in dieser Welt wäre es, überhaupt erst einmal die Fragestellungen verständlich zu machen, anstatt immerfort Ergebnisse zu präsentieren, deren Interpretation durchaus „meinungsbehaftet" sein kann.

Der wissenschaftliche Wert einer Studie liegt in der Qualität und Relevanz der generierten Daten, nicht in voreiligen Schlussfolgerungen. Gute Wissenschaft erkennt man daran, dass sie die richtigen Fragen gestellt hat. Wenn wir wichtige Fragen mit aussagekräftigen Experimenten und den geeigneten Methoden untersuchen, sind ihre Ergebnisse auch für andere Wissenschaftler von Bedeutung – unabhängig davon, wie die Ergebnisse ausfallen.

Wissenschaft sucht häufig erfolglos nach Antworten. Experimente können aus den unterschiedlichsten Gründen misslingen und müssen oftmals unzählige Male wiederholt werden, bis sie stabile und wiederholbare Ergebnisse liefern. Diese Fehlversuche werden aus nachvollziehbaren Gründen nicht alle in wissenschaftlichen Journalen veröffentlicht. Darum ist es umso wichtiger, dass Wissenschaftler uns, mithilfe der Medien als Sprachrohr und Wissensvermittler, an diesem Prozess teilhaben lassen, der sonst für die Öffentlichkeit verborgen bleibt. Sie müssen uns „Backstage" hinter die Kulissen der Wissenschaft blicken lassen.

Ihre Fehlbarkeit macht die Wissenschaft und Wissenschaftler nicht weniger vertrauenswürdig, sondern glaubwürdiger. Da unser Gehirn wissenschaftlich empirisch arbeitet, will es die Schritte sehen, die zu einem Ergebnis geführt haben.

## Literatur

Bowers, M. E., & Yehuda, R. (2016). Intergenerational transmission of stress in humans. *Neuropsychopharmacology, 41*(1), 232–244.

Brackmann, A. (2020). *Extrem begabt (Leben Lernen, Bd. 311): Die Persönlichkeitsstruktur von Höchstbegabten und Genies.* Klett-Cotta.

Deamer, D. W. (2020). *Origin of Life: What Everyone Needs to Know®.* Oxford University Press.

Franklin, T. B., et al. (2010). Epigenetic transmission of the impact of early stress across generations. *Biological psychiatry, 68*(5), 408–415.

Gapp, K., et al. (2021). Single paternal dexamethasone challenge programs offspring metabolism and reveals multiple candidates in RNA-mediated inheritance. *Iscience, 24*(8), 102870.

Heijmans, B. T., et al. (2008). Persistent epigenetic differences associated with prenatal exposure to famine in humans. *Proceedings of the National Academy of Sciences, 105*(44), 17046–17049.

Horsthemke, B. (2018). A critical view on transgenerational epigenetic inheritance in humans. *Nature communications, 9*(1), 1–4.

Kundakovic, M., & Champagne, F. A. (2015). Early-life experience, epigenetics, and the developing brain. *Neuropsychopharmacology, 40*(1), 141–153.

# 3

# Wissenschaft darf unlogisch sein

*An den Grenzen der Logik hört zwar die Wissenschaft auf,
nicht aber die Natur, die auch dort blüht,
wohin noch keine Theorie gedrungen ist*

*(Carl Gustav Jung)*

Wissenschaftler werden öfters für ihre Neigung kritisiert, die Welt und ihre Geheimnisse ausschließlich mit Logik erfassen zu wollen und alles fortwährend in Erklärungen und Handlungsregeln zu pressen. Hier liegt ein wichtiges Missverständnis vor. Wissenschaft sucht keineswegs nach Logik – Wissenschaft fahndet nach „Gesetzmäßigkeiten". Das ist ein großer Unterschied, denn Gesetzmäßigkeiten können jeglicher Logik entbehren.

Eine Gesetzmäßigkeit ist eine Formel, die wir versuchen um etwas herum zu konstruieren, dessen Verhalten wir beschreiben möchten. Sie kann sich nicht nur jeglicher menschlichen Logik, sondern auch Vorstellungskraft entziehen. Die Heisenberg'sche Unschärferelation und die allgemeine Relativitätstheorie sind bekannte Beispiele. Wir wissen, dass diese Gesetze gelten, da sie all unseren Berechnungen und Beobachtungen standhalten.

Die Heisenbergsche Unschärferelation besagt, dass man niemals den Ort und die Geschwindigkeit eines Teilchens gleichzeitig bestimmen kann. Warum? Einfach darum, weil sonst nichts existieren würde. Negativ geladene Elektronen, die sich mit hoher Geschwindigkeit innerhalb einer diffusen Schale um den positiv geladenen Atomkern herum bewegen, würden sonst einfach durch die Anziehung der Ladungen in den Kern kollabieren. Das geschieht aber nicht. Denn dann wüssten wir, wo sie sind (im Kern), und die Geschwindigkeit wäre 0 (Feynman et al., 2011). Klingt logisch? Nein. Aber Werner Heisenberg hat uns eine Formel geschenkt, die diese Gesetzmäßigkeit hervorragend beschreibt. Ohne die Abstände zwischen den Elektronen in der Schale und den Protonen im Atomkern würde unsere Welt nicht existieren.

Der für seine anschaulichen Erklärungen berühmte Physiker Richard Feynman vergleicht in seinen legendären Physikvorlesungen „Feynman Lectures on Physics" den Aufbau eines Atoms mit einem Apfel (Feynman et al., 2011). Wenn man sich ein Atom als einen Apfel vorstellt, befinden sich die Elektronen in der Schale und die Protonen und Neutronen im Kern. Um sich einen realistischeren Maßstab zu verschaffen, müsste man sich den Apfel so groß wie einen Raum vorstellen und den Kern so groß wie einen Sandkorn. Ohne diesen gewaltigen Abstand von Schale zu Kern wäre von unserer Welt nicht viel übrig.

Jeder, der Wissenschaft betreibt oder interpretiert, sollte daher stets daran denken, dass Wissenschaft unvoreingenommen nach Gesetzmäßigkeiten fahndet. Der Hang, einen Sinn oder Logik in die Ergebnisse der Wissenschaft hineinzuinterpretieren, entspringt unserer allgemeinen menschlichen (und journalistischen) Neigung nach Erklärbarkeit und Vereinfachung. Oder mit den Worten Albert Einsteins ausgedrückt: „Man muss die Dinge so einfach wie möglich machen, aber nicht einfacher."

Gerade menschliches Verhalten ist sehr komplex und nie das Resultat einzelner Gene oder Hormone. Gene, Hormone, Neurotransmitter, Mikroben und Stoffwechselprodukte interagieren und kommunizieren miteinander in einer Weise, die bisher nicht der modernste Computer der Welt zu imitieren vermag. Am Beispiel der „Epigenetik" im vorherigen Kapitel wurde deutlich, wie sehr das Durchsetzungsvermögen der Gene durch unsere Umwelt, Lebensweise und Kultur beeinflusst wird. Sogar vererbte Veranlagungen für Krebserkrankungen, wie die mutierte Version des *BRCA1*- oder *BRCA2*-Gens (für BReastCAncer) im Falle von Brustkrebs, treten nicht bei allen Trägerinnen in Form von Krebserkrankungen zutage (King et al., 2003). Genetik ist die grundlegendste Ebene der Vererbung und die Schriftsprache des Lebens auf unserem Planeten – aber sie ist nicht gleichzusetzen mit dem gesprochenen Wort.

Trotz dieser Vielschichtigkeit und Komplexität lassen sich sogar in der Verhaltensbiologie und Psychologie einige „Gesetzmäßigkeiten" beobachten. Als vernunftbegabte Wesen mit der Fähigkeit zur Selbstreflexion sind wir (zumindest theoretisch) in der Lage, diese Muster bewusst zu durchbrechen und in weiser Voraussicht bessere Entscheidungen zu treffen.

Welchem Zweck beobachtbare Gesetzmäßigkeiten im menschlichen Verhalten wirklich dienen und weshalb sie entstanden sind, ist jedoch oft umstritten. Obwohl häufig Erklärungsansätze existieren, sind diese vergleichbar mit der rückblickenden Erklärung von Aktienkursen.

Im Nachhinein ist es immer einfacher, die Gegenwart mithilfe von Ereignissen aus der Vergangenheit zusammenzubrauen. In der Vorhersage aber sind diese Versuche oft unter Zufallsniveau – das heißt, sie versagen kläglich (Gigerenzer, 2015).

Die Logik kann ein gefährlicher Fallstrick für Wissenschaftler sein, denn um Hinweise zu erkennen und richtig zu deuten, bedarf es einer besonderen Unvoreingenommenheit. Wir können die Welt nur besser verstehen, wenn wir der Natur aufmerksam zuhören, anstatt ihr unsere beschränkte Denkweise aufzuzwingen. Nur so können wir – Stück für Stück und Generation für Generation – dem auf die Schliche kommen, was die Welt tatsächlich „im Innersten zusammenhält". Und anders als Goethes unglücklicher Faust, der diese Worte zu Beginn der gleichnamigen Tragödie spricht, müssen wir dafür nicht einmal einen Pakt mit dem Teufel eingehen. Auch wenn dies Wissenschaftlern, insbesondere Gentechnikern und Kernphysikern, gerne unterstellt wird.

## 3.1 Atheismus oder Pantheismus?

Goethe erschuf mit Faust das typische Drama eines Gelehrten: Faust widmet sein Leben der Wissenschaft und Lehre und doch nutzt es ihm alles nichts. Je mehr Wissen er anhäuft, desto unwissender und verlorener fühlt er sich. Er hat das Gefühl, zu keinerlei wissenschaftlicher Einsicht zu gelangen, und auch privat ist Faust unglücklich und unfähig das Leben, insbesondere die Liebe, zu genießen.

Als letzten Ausweg erhofft er sich mithilfe des Teufels und koste es, was es wolle (in diesem Fall seine Seele), endlich das Glück im Diesseits zu finden. Dabei richtet er – wie bei solch einem unseriösen und humorvollen Vertragspartner zu erwarten – eine Menge Leid und Unheil

## 3 Wissenschaft darf unlogisch sein

an. Man könnte Faust als typischen Atheisten bezeichnen, dessen Welt trotz allen Wissens leer und ohne Sinn ist. Nun gibt es aber etwas sehr Interessantes, das sich in Goethes weltberühmtem Werk versteckt.

In vielen Szenen wird eine besondere Verbundenheit von Faust mit der Natur spürbar. Goethes Verse beschreiben das wimmelnde Leben des Waldes und Faust erkennt, dass er ein Teil dieser mütterlichen Natur ist („Erhabener Geist, du gabst mir, gabst mir alles/Warum ich bat" … „Du führst die Reihe der Lebendigen/Vor mir vorbei und lehrst mich meine Brüder/Im stillen Busch, in Luft und Wasser kennen"). Es sind Szenen, in denen er voller Ehrfurcht, Zärtlichkeit und innerer Ruhe die Natur mit all seinen Sinnen wahrnimmt und beinahe Frieden in ihr findet. Beinahe. Denn der Teufel scheint um die Gefahr solcher Momente zu wissen und beeilt sich bald wieder auf der Bildfläche zu erscheinen.

Die Tragödie um Faust ließ Goethe ein Leben lang nicht los. 20 Jahre nach der Fertigstellung des ersten Teils im Jahr 1805 beginnt Goethe wieder am zweiten Teil zu arbeiten, der erst 1832 kurz nach seinem Tod veröffentlicht wird. Nach fast sechs Jahrzehnten Arbeit an Faust ist der berühmteste deutsche Dichter und Denker deutlicher als jemals zuvor: Der zweite Teil von Faust beginnt mit einem gewaltigen Sonnenaufgang, der die Welt feierlich mit kraftvollen Strahlen aus dem Schlaf der Nacht reißt und wieder zum Leben erweckt („Welch Getöse bringt das Licht" … „Du, Erde, warst auch diese Nacht beständig/Und atmest neu erquickt zu meinen Füßen" … „Der Wald ertönt von tausendstimmigem Leben").

Goethes Verse zelebrieren die Pracht der Natur mit all ihren Geräuschen, Düften und Farben mit geradezu religiöser Verehrung. Dabei richtet Goethe wiederholt ein besonderes Augenmerk auf das Licht: Das Licht der Sonne, das mit seiner Kraft alles Leben erweckt, avanciert im zweiten Teil von Faust zum Symbol der Ewigkeit, Hoffnung und Göttlichkeit („Gebt ihn zurück dem heiligen Licht" ... „Hinaufgeschaut! – Der Berge Gipfelriesen/Verkünden schon die feierlichste Stunde; / Sie dürfen früh des ewigen Lichts genießen").

Ebendieses Licht, dessen besondere Natur und einzigartige Konstanz Albert Einstein 100 Jahre später erkannte und dadurch die Zeit als die konstante Einheit in unserem Universum vom Thron warf. Licht, das nichts anderes ist, als quantisierte elektromagnetische Strahlung, deren kleinste Einheit das Photon ist. Licht, dessen Energie Elektronen aus ihren definierten Energieniveaus um den Atomkern zu heben vermag und dadurch die Chemie des Lebens antreibt. Welch erstaunliche Übereinstimmung von Dichtkunst mit Relativitätstheorie und Quantenmechanik.

Mit Faust hatte Goethe sein Lebenswerk vollbracht. Wenige Monate vor seinem Tod 1832 sagte er zu Johann Peter Eckermann, einem Schriftsteller und engen Vertrauten: „Mein ferneres Leben kann ich nunmehr als ein reines Geschenk ansehen, und es ist jetzt im Grunde ganz einerlei, ob und was ich noch etwa tue" (Eckermann & Soret, 1868). Was in Faust durch die kraftvollen Verse scheint, ist Goethes persönliches Gottesbild, das man ohne längeres Zögern dem „Pantheismus" zuordnen kann (von den altgriechischen Wörtern „pan" für „alles" und „theos" für „Gott").

Der Pantheismus beschreibt eine religionsphilosophische Richtung, die das Göttliche nicht in Form eines personifizierten und über der Welt stehenden Gottes sieht, sondern in der Natur und dem Universum selbst. Der Pantheismus ähnelt zwar dem Atheismus in vielerlei Hinsicht, unterscheidet sich von ihm jedoch in dem Punkt, dass er die unserem Universum zugrunde liegenden Naturgesetze als etwas Göttliches verehrt. Dabei respektiert der Pantheismus die Wissenschaft und die beweisgeleitete

## 3 Wissenschaft darf unlogisch sein

Arbeitsweise der wissenschaftlichen Methode, da sie unser bestes Mittel ist, um Einsicht in die Natur unseres Universums zu erlangen. Während Atheismus häufig als nihilistisch und negativ empfunden wird, ist der Pantheismus eine lebensbejahende, positive und ehrfürchtige Geisteshaltung.

Auch Philosophen und Wissenschaftler sind sich nicht immer einig, wo genau die Grenze zwischen Atheismus und Pantheismus eigentlich liegt. So bezeichnet der britische Evolutionsbiologe Richard Dawkins, ein bekennender Atheist und Bestsellerautor, den Pantheismus lediglich als eine „aufgebrezelte" Form des Atheismus (im Wortlaut: „sexed-up atheism"). Von ihm stammen die weltweiten Bestseller *Das egoistische Gen*, *Gotteswahn* und seit neuestem sogar ein Kinderbuch mit dem Titel *Atheismus für Anfänger* (Dawkins, 2011, 2014, 2019). Der deutsche Philosoph Richard David Precht wiederum bezeichnet Richard Dawkins als einen „tiefreligiösen Atheisten" (Precht, 2009). Also als Pantheisten?

Unabhängig davon, wie man es nun nennen mag, lassen auffallend viele bekannte Wissenschaftler und Philosophen eindeutig eine pantheistische Geisteshaltung erkennen. Darunter die Philosophen Platon und Spinoza (die Schule der Stoiker), Aufklärer wie Immanuel Kant und Wissenschaftler wie Albert Einstein und Stephen Hawking.

Mit seinem weltberühmten Zitat: „Gott würfelt nicht", verriet uns Albert Einstein zwei Dinge über sich: Erstens, er ist ein Vertreter des Pantheismus, denn er vermutet göttliches Wirken hinter den Gesetzen der Natur. Und Zweitens, er mag keine Quantenmechanik (Schiemann, 2010). Zumindest hatte er Zeit seines Lebens eine Abneigung gegenüber der Vorstellung, dass die Dinge auf der kleinsten Ebene dem Zufall unterliegen und sich so sonderbar und willkürlich verhalten, wie es Quanten nun einmal tun. Und dennoch sollten die Quantenphysiker

Recht behalten. Hier erlag sogar ein Jahrhundertgenie wie Albert Einstein der Versuchung, seiner Logik mehr zu trauen, als den untrüglichen Daten der Natur.

Was uns zuerst sonderbar und abwegig erscheint, kann dennoch das Verhalten der Natur widerspiegeln. Physikalische Gesetze werden nicht geschaffen, um unserer Denkweise oder Logik zu genügen. Ebenso wenig bemühen sich die Gesetze des Universums darum, die Unanfechtbarkeit von stammesgeschichtlichen Überlieferungen oder handschriftlichen Texten nicht zu verletzen.

Anstatt zu glauben, dass wir bereits alles wissen, sollten wir uns fragen, ob wir auch wirklich genau hingesehen haben. Haben wir der Natur auch wirklich gut zugehört oder existieren Phänomene und Situationen, in denen die Gesetze der Physik versagen? Was können wir aus diesen Beobachtungen lernen? Wäre es nicht schlauer, unsere Theorien fortwährend an diesen Sonderfällen zu testen, anstatt im Fahrwasser unserer sicheren Überzeugungen durchs Leben zu treiben?

Die Natur hält noch einige ungelöste Rätsel für uns bereit. Die Erkenntnis, dass unser Wissen über die Welt noch immer stark begrenzt ist, erfordert neben Unvoreingenommenheit auch den Mut, diese Unsicherheit auszuhalten. Für die Entbehrung des Glaubens, bereits alles zu wissen und einer gewissen Sicherheit im Leben, gewinnen wir den unendlichen Reichtum der Wunder, die das Universum noch für uns bereit hält.

## 3.2 Reduktionismus – weniger ist mehr

Die Existenz von Gesetzmäßigkeiten in unserer Natur ist schon für sich eine äußerst faszinierende Entdeckung. Wir sehen der Natur bei ihrem Spiel zu und versuchen zu erkennen, welchen Regeln sie gehorcht. Dabei übersehen wir oft, wie bemerkenswert es ist, dass die Natur überhaupt einfachen Gesetzmäßigkeiten und Regeln folgt.

In der Vergangenheit konnten wissenschaftliche Theorien mit der Zeit meist auf noch einfachere allgemeine Grundprinzipien zurückgeführt werden. Je mehr wir über unsere Welt herausgefunden haben, desto mehr haben wir verstanden, in welcher Weise alles miteinander zusammenhängt. Dieses Muster einer formalen Vereinfachung von Naturgesetzen wird als „Reduktionismus" bezeichnet und hat sich in den letzten Jahrhunderten immer wieder durchgesetzt.

Die bisherige Erfolgsgeschichte des Reduktionismus ist auch der Grund, warum viele theoretische Physiker heute von der Existenz einer übergeordneten „Weltformel" überzeugt sind, die alle großen bekannten physikalischen Theorien miteinander vereint. Sie suchen eine Theorie, die allgemeine Relativitätstheorie und Quantenmechanik (im Idealfall auch noch die starke und die schwache Wechselwirkung) miteinander vereint und gleichzeitig diese bewährten Theorien als Grenzfälle enthält – ebenso wie beispielsweise Newtons Gravitationsgesetz (für kleine Massedichten und niedrige Geschwindigkeiten) als Grenzfall in Einsteins allgemeiner Relativitätstheorie enthalten ist.

Das Zusammenführen von Erkenntnissen auf ein vereinfachtes grundlegendes Prinzip ist also meist nur eine Frage der Zeit und der richtigen einfallsreichen Person(en). Nur eine einzige „neugierige" Person (nämlich Albert Einstein) reichte aus, um unsere Vorstellungen von Raum und Zeit einmal gewaltig durch den Wolf zu drehen und für immer zu verändern. Albert Einstein selbst verdankt die allgemeine Relativitätstheorie seiner Kreativität, also seiner Fähigkeit, Entferntes miteinander zu vernetzen.

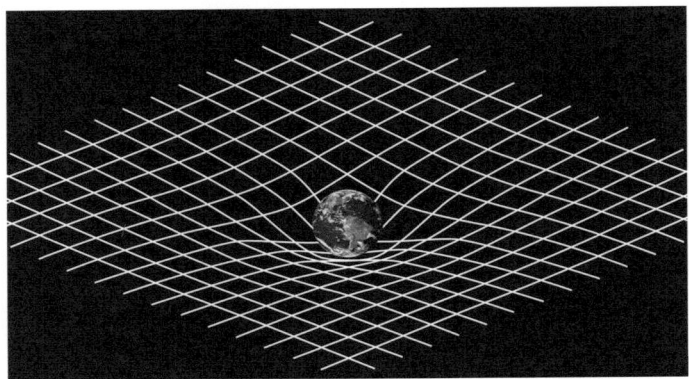

**Abb. 3.1** Man kann sich Gravitation als ein gekrümmtes Raumzeitnetz vorstellen, entlang dem sich alle Materie bewegt und in dem alle bekannten Kräfte wirken. (Quelle: NASA)

Er kannte die Gesetze von Newtons Schwerkraft und hatte sich intensiv mit dem Elektromagnetismus von Faraday und Maxwell beschäftigt (Bührke, 2015). Seine geniale Idee (vermutlich die wichtigste wissenschaftliche Idee der ganzen Neuzeit) bestand darin, das Prinzip des Elektromagnetismus, in welchem sich Teilchen auf elektrischen und magnetischen Feldern fortbewegen, auf die Idee des Raumes zu übertragen. Der Raum selbst wurde zu einem Netz oder Feld der Raumzeit, „in dem" und „entlang dem" sich alle existierenden Objekte bewegen (Abb. 3.1). Und er verfügte über die häufig unterschätzte Fähigkeit, sich an den Grenzen seiner Fähigkeiten Rat und Hilfe zu suchen.

Ein entscheidendes Element der allgemeinen Relativitätstheorie ist die Riemannsche Geometrie, genauer gesagt der „Riemann-Tensor", mit dessen Hilfe es Albert Einstein letztendlich gelang, die Krümmung der Raumzeit in der Nähe von massereichen Objekten wie Sternen oder Planeten zu berechnen. Als Bernhard Riemann seine Geometrie zur Beschreibung von Oberflächen in beliebig vielen Dimensionen erarbeitete, wusste er nicht, dass sie eines Tages zur Vollendung der allgemeinen Relativitätstheorie beitragen würde. Dank Marcel Grossmann, einem befreundeten Mathematiker, erfuhr Albert Einstein von Riemanns Arbeiten und konnte sein Meisterwerk vollbringen (Laugwitz, 2013).

Eine Formel, die vielen Physikern anfangs irrsinnig und unlogisch erschien, hat sich als unglaublich beständig und von beispielloser Vorhersagekraft erwiesen. Die Formel basiert auf dem Prinzip des Reduktionismus und dem konsequenten Vertrauen in die Ergebnisse der wissenschaftlichen Methode.

Entgegen unserer menschlichen Wahrnehmung und Logik ist weder der Raum noch die Zeit absolut und gleichmäßig. Menschen und Elementarpartikel leben länger, wenn sie sich mit extrem hohen Geschwindigkeiten bewegen. Atomuhren, die an Bord von Flugzeugen um die Welt fliegen, gehen langsamer. Es ist keine technische Störung, die etwa durch die hohe Geschwindigkeit verursacht wird. Es ist wirklich weniger Zeit vergangen. Die Uhr lief an Bord des Flugzeuges vollkommen normal (Bührke, 2015). In unserem Alltag sind die Geschwindigkeiten viel zu gering, um die sogenannte Zeitdilatation (Dilatation bedeutet „Ausdehnung") als Abweichung auf Uhren erkennbar zu machen. Wirklich deutlich tritt die Zeitdilatation erst zutage, wenn man sich der Lichtgeschwindigkeit annähert.

In diesem Licht erscheint ein weiteres bekanntes Missverständnis über die Wissenschaft – nämlich dass diese sich im Besitz der einzig gültigen Wahrheit wähnt – nahezu absurd. Die Wissenschaft ist niemals im Besitz der endgültigen Wahrheit – sie ist lediglich im Besitz der besten Beweise, über die wir zum jeweiligen Zeitpunkt verfügen.

Die vielen sonderbaren Puzzleteile, die wir von unserer Welt bisher entdeckt haben, lassen noch Überwältigenderes erahnen als unsere gewagtesten Fantasien. Wir halten diese losen Puzzleteile in der Hand und haben absolut keine Ahnung, wie wir sie zusammenfügen sollen oder welches Bild sich aus ihnen ergibt. Alles, was wir wissen, ist, dass die Teile zusammengehören, denn sie stammen sozusagen aus einem Karton (der aber möglicherweise beim Urknall kaputt ging … vielleicht gab es auch nie einen solchen Karton).

Wenn wir wirklich an der Wahrheit interessiert sind, müssen wir so unvoreingenommen und offen wie möglich bleiben. Unser begrenztes irdisches Leben ist ein unsagbar kostbares Ticket, das uns erlaubt, für einen kurzen flüchtigen Moment und durch die Sinnesfilter unseres Körpers hindurch einen Blick auf die Schöpfungen dieses Universums zu werfen. Dieser Anblick ist schlichtweg zu kostbar, um ihn durch menschliche Voreingenommenheit oder Überheblichkeit zu verschleiern – wozu in gewisser Weise auch die Logik gehört.

## Literatur

Bührke, T. (2015). *Einsteins Jahrhundertwerk: Die Geschichte einer Formel.* dtv.

Dawkins, R. (2011). *Der Gotteswahn.* Ullstein eBooks.

Dawkins, R. (2014). *Das egoistische Gen: Mit einem Vorwort von Wolfgang Wickler.* Springer-Verlag.

Dawkins, R. (2019). *Atheismus für Anfänger: Warum wir Gott für ein sinnerfülltes Leben nicht brauchen.* Ullstein Buchverlage.

Eckermann, J. P., & Soret, F. J. (1868). *Gespräche mit Goethe in den letzten Jahren seines Lebens.* F.A. Brockhaus.

Feynman, R. P., et al. (2011). *The Feynman lectures on physics, Vol. I: The new millennium edition: Mainly mechanics, radiation, and heat*. Basic books.

Gigerenzer, G. (2015). *Bauchentscheidungen: Die Intelligenz des Unbewussten und die Macht der Intuition*. Bertelsmann.

King, M.-C., et al. (2003). Breast and ovarian cancer risks due to inherited mutations in BRCA1 and BRCA2. *Science, 302*(5645), 643–646.

Laugwitz, D. (2013). *Bernhard Riemann 1826–1866: Wendepunkte in der Auffassung der Mathematik*. Springer.

Precht, R. D. (2009). *Liebe: Ein unordentliches Gefühl*. Goldmann.

Schiemann, G. (2010). Warum Gott nicht würfelt: Einstein und die Quantenmechanik im Licht neuerer Forschungen. In R. Breuniger ((Hrsg.), *Bausteine zur Philosophie*. Bd. 27: Einstein.

# 4

# Mehr als nur Science-Fiction

*Geh nicht gelassen in die gute Nacht.*
*Brenne, rase, wenn das Dunkel sich legt.*
*Dem sterbenden Licht trotze, wutentfacht.*
*Der Weise billigt der Dunkelheit Macht,*
*weil keinen Funken je sein Wort erregt,*
*geh nicht gelassen in die gute Nacht.*
*Dem sterbenden Licht trotze, wutentfacht*

(„Die gute Nacht" von Dylan Thomas)

Es ist kein Zufall, dass dieses Kapitel ausgerechnet mit dem Gedicht „Die gute Nacht" beginnt, das in dem Film *Interstellar* zitiert wird. Der walisische Dichter Dylan Thomas schrieb diese Verse ursprünglich am Sterbebett seines Vaters, denn es irritierte ihn zu sehen, wie sein Vater scheinbar ruhig und friedlich dem Leben entschlief, anstatt mit dem Tod zu ringen. In *Interstellar* erhalten seine Verse eine noch weitreichendere Bedeutung: Der im Sterben Liegende ist die Menschheit selbst.

Die Erde ist in einer nicht allzu fernen Zukunft zunehmend unbewohnbar geworden. Dürren, Stürme und Staub machen der Menschheit zu schaffen. Riesige Monokulturen sollen die Ernährung der Weltbevölkerung sichern, sind aber von einer parasitären Pilzkrankheit namens Mehltau befallen. Der Mehltau zerstört im Film nicht nur die Ernten, sondern reduziert auch den Sauerstoffgehalt der Erdatmosphäre, weil die Photosyntheseleistung durch das weltweite Pflanzenleid stark zurückgeht. Junge Menschen werden dringend als Farmer für die Landwirtschaft benötigt, weshalb universitäre Bildung nicht mehr gefördert wird. Große Errungenschaften der Menschheit, wie die Mondlandung, werden im Schulunterricht geleugnet und durch Verschwörungstheorien ersetzt. Es wirkt, als hätte die Menschheit aufgeben. Als hätte sie ihre ureigenste Kraft vergessen. Naturkatastrophen, Überbevölkerung und Wissenschaftsfeindlichkeit bilden die tödliche Triade, die das Überleben der Menschheit bedroht. Leider nicht nur im Film.

„Die gute Nacht", „das sterbende Licht" und „die Dunkelheit" sind Metaphern für die Übermacht der Naturgesetze – insbesondere der Zeit – über den Menschen. Die Rotation der Erde um ihre eigene Achse lässt am Ende jeden Tages die Dunkelheit der Nacht hereinbrechen. Diese unausweichlich wiederkehrende Rotation wird in *Interstellar* von Hans Zimmers Musik untermalt, die moderne technologische Klänge mit dem Ehrfurcht erregenden Klang einer Kirchenorgel vereint. Als variable Größe unseres Universums tickt die Zeit stets im Hintergrund und erinnert daran, wie sehr wir ihr durch unsere vergängliche Biologie ausgeliefert sind.

Gegen die Eigenrotation der Erde oder gegen ihre Position auf einer festen Umlaufbahn in unserem Sonnensystem aufzubegehren, ist genauso absurd und unmöglich, wie dem Tod am Ende des Lebens von der Schippe springen zu wollen. Und trotzdem ruft der Dichter in seinen Versen dazu auf, nicht aufzugeben, sondern zu brennen, zu rasen und zu trotzen – wutentfacht. Wozu diese Mühe?

Weil genau dieses Aufbegehren die Menschheit so weit gebracht hat. Weil Menschen Entdecker und Erfinder sind. Ohne ihren außerordentlichen Pioniergeist, gepaart mit einem beispiellosen körperlichen und mentalen Durchhaltevermögen, wäre die evolutionäre „Erfolgsgeschichte" der Menschheit undenkbar. Der Aufbruch des *Homo sapiens* vor circa 120.000 Jahren aus Afrika und seine Ausbreitung über Indien und den Nahen Osten in die gesamte Welt müssen damals ebenso revolutionär und mutig gewesen sein wie für uns heute die Raumfahrt. Sich auf Land- und Seewegen in fremde Gebiete und Meere vorzuwagen, ohne die primitivsten Geografiekenntnisse, war nur mit einer unglaublichen Entschlossenheit, gewaltigem Mut und unerschütterlichem Vertrauen in die eigenen Fähigkeiten möglich.

Mit Sicherheit sind viele dieser ersten Eroberer und Entdecker auf ihren Missionen gescheitert. Offensichtlich hatten aber auch einige unserer Vorfahren Erfolg. Alle heute lebenden Menschen stammen von diesen mutigen Entdeckern ab, deren Erfindungsreichtum und enorme Anpassungsfähigkeit sie letztendlich an ihr Ziel führte – eine neue bewohnbare Heimat.

## 4.1 Dopamin

Wir alle tragen die Gene für diese Charaktereigenschaft in unserem Erbgut, die wir „Pioniergeist" nennen und die das Menschsein vermutlich sogar noch mehr auszeichnet als Intelligenz. Auf molekularbiologischer Ebene wird das Verlangen nach Erkenntnis und Eroberungen durch Dopamin gesteuert, dem wohl bedeutendsten Signalmolekül in unserem Gehirn. Es existieren Tierarten mit größeren Gehirnen, aber es gibt keine andere Spezies mit derart hohen Dopamin-Werten.

Das Gehirn eines Wals wiegt bis zu 10 kg und damit deutlich mehr als ein menschliches Gehirn mit seinen durchschnittlich 1,3 kg. Es hat auch mehr als doppelt so viele Neuronen, nämlich 200 Mrd. Wale können über Gesang und Klicklaute kommunizieren, zielsicher Tausende von Kilometern durch die Ozeane navigieren und zeigen sogar Merkmale von Kultur, wie beispielsweise die gemeinsamen Jagdmethoden von Schwertwalen, die sich weltweit je nach Region unterscheiden. Was es jedoch nicht gibt, sind Wale, die überlegen, wie sie aus dem Wasser rauskommen.

Die höchsten Dopamin-Level findet man bei Menschen, die wir Wissenschaftler, Erfinder und Künstler nennen. In unserem Gehirn ist Dopamin für die Gefühle des Verlangens und der sehnsüchtigen Erwartung verantwortlich, die notwendig sind, um Bemühungen auf imaginäre Ziele in der Zukunft zu fokussieren (Previc, 2009; Lieberman & Long, 2018). Es steuert unsere Freude am Lernen und Experimentieren – jedoch endet seine Wirkung abrupt, wenn wir unsere Ziele erreicht haben.

Das Genießen selbst ist nicht mehr die Aufgabe des Dopamins, sondern die des Serotonins. Dopamin ist die molekulare Grundlage für die Leidenschaft und den Ehrgeiz, etwas erreichen zu wollen – Serotonin erlaubt es uns, das Erreichte auch wirklich zu genießen. Dabei ist es keineswegs so, dass Dopamin und Serotonin Hand in Hand arbeiten – sie hemmen sich sogar gegenseitig. Dopamin hindert einen erfinderischen Geist daran, das Hier und Jetzt zu genießen, indem es ihn nicht zur Ruhe kommen lässt und mit neuen Ideen überrollt, ehe dieser überhaupt die Möglichkeit hatte, sich von den Strapazen seiner letzten Arbeit zu erholen.

Die Evolution hat es für uns Menschen scheinbar nicht vorgesehen, dass wir uns dauerhaft ausruhen und genießen. Dopamin ist eine körpereigene Droge, die uns Glücksgefühle verschafft, wenn wir lernen, experimentieren und buchstäblich unseren Horizont erweitern. Je höher die Dopamin-Level im Gehirn eines Menschen sind, desto größer ist sein innerer Schaffensdrang. Damit ist vermutlich kein anderes Molekül im Körper derartig ausschlaggebend für den Charakter eines Menschen wie Dopamin.

Die dopaminergen Eigenschaften der Menschheit sind ihre größte Stärke und gleichzeitig ihre größte Schwäche. Sie haben einst den Erfolg der Menschheit geebnet. Aber auf einem begrenzten Planeten mit endlichen Ressourcen könnten sie uns möglicherweise zum Verhängnis werden. Durch Verzicht alleine wird die Menschheit aufgrund ihrer Natur nicht zu retten sein. Ihr unbändiges Verlangen nach „Mehr" muss in die richtige Richtung gelenkt werden, damit sie erneut ihren Erfindungsreichtum unter Beweis stellen kann.

## 4.2 Endurance

Ein Großteil der Menschheit hat dieses Erbe in *Interstellar* scheinbar vergessen, denn nur ein kleiner Bund von Wissenschaftlern schmiedet im Verborgenen brauchbare Rettungspläne. Die Erde wirkt verloren und ein neuer Heimatplanet muss gefunden werden. In Form einer offenkundigen Metapher scheitert die erste ins All geschickte Mission, die den Namen *Lazarus* trägt – in Anlehnung an jenen Lazarus, den Jesus im Johannesevangelium von den Toten auferweckt. Letztendlich haben die Wissenschaftler der zweiten Mission mit dem Raumschiff *Endurance* trotz massiver Verluste und Schwierigkeiten Erfolg. Und es ist an dieser Stelle nur noch wenig überraschend, dass „Endurance" übersetzt „Durchhaltevermögen" bedeutet.

„Der Weise billigt der Dunkelheit Macht", spielt auf die Weisheit älterer Menschen an, die erkannt haben, welche Bemühungen im Leben sich nicht lohnen oder vergebens sein könnten. Am Ende sind es jedoch die jungen und im Geiste jung gebliebenen Menschen, die uneinsichtig und außer Stande, sich einer äußeren Weltordnung zu beugen, allen Wandel in unserer Welt generieren. Gegen diesen Übermut ist die Weisheit der Älteren machtlos („weil keinen Funken je sein Wort erregt").

*Die gute Nacht* ist ein Kunstgriff, der die Bedeutung des Films verrät. Die Verse stechen tief in ein menschliches Herz, da sie den wissenschaftlichen Geist so unerwartet, unverblümt und episch würdigen. Wissenschaft ist beharrlich und gibt selbst im Angesicht der totalen Übermacht der Natur nicht auf. Der Wille nach Erkenntnis und die Bereitschaft, dafür zu leiden, lassen die Menschheit kampfeslustig den unaufhaltsamen Naturgewalten entgegentreten.

Die Lebenszeit verliert an Bedeutung, denn wissenschaftliche Projekte sind lebenszeitübergreifend. Neugierig und hartnäckig widmet sich die Wissenschaft der Suche nach der Wahrheit – möge jeder einzelne Beitrag zum Gesamtbild auch noch so klein sein.

## 4.3 Gravitationswellen

Kip Thorne, ein amerikanischer Professor für theoretische Physik, der in *Interstellar* als wissenschaftlicher Berater und ausführender Produzent mitwirkte, erhielt 2017 zusammen mit Rainer Weiss und Barry Barish den Nobelpreis für Physik. Mit dieser Auszeichnung wurde sein Beitrag zur Beobachtung von Gravitationswellen geehrt, denen im Film eine entscheidende Bedeutung zukommt. Einstein hatte ihre Existenz über 100 Jahre zuvor in der allgemeinen Relativitätstheorie vorhergesagt. Der deutsche Physiker und Wissenschaftsjournalist Thomas Bührke schreibt in seinem Buch *Einsteins Jahrhundertwerk* (Bührke, 2015):

„Es war ein kleines Zittern des Raums, aber ein großes Beben für die Physik, als am 14. September 2015 über die Erde eine Gravitationswelle hinwegrauschte. Kein Mensch bemerkte etwas davon, nur zwei Messinstrumente namens *Advanced Ligo* in den USA registrierten eine kurzzeitige Verbiegung des Raumes."

Die am *Laser Interferometer Gravitational-Wave Observatory* (LIGO) in den USA erstmals nachgewiesenen Gravitationswellen sind das Ergebnis eines kosmischen Zusammenpralls vor 1,3 Mrd. Jahren, bei dem ein 29 Sonnenmassen schweres schwarzes Loch mit einem anderen 36 Sonnenmassen schweren schwarzen Loch verschmolz[1]. Das neu gebildete schwarze Loch hatte aber nicht 65 Sonnenmassen, sondern nur 62 Sonnenmassen. Wo sind die restlichen drei Sonnenmassen geblieben? Sie wurden in Form von Gravitationswellen in den Weltraum entsandt.

Gravitationswellen sind Verbiegungen im „Netz" der Raumzeit, die entstehen, wenn sich zwei beschleunigte massereiche Objekte, wie beispielsweise schwarze Löcher oder Neutronensterne, gegenseitig umkreisen. Die Verbiegungen im Netz der Raumzeit bewirken, dass sich die Entfernungen zwischen Objekten kurzzeitig ändern (Abb. 4.1). Wie bei den Wellen eines Steins, der ins

---

[1] (https://www.mpg.de/gravitationswellen/messmethoden; Bührke, 2015)

**Abb. 4.1** Künstlerische Darstellung von Gravitationswellen, die durch ein Neutronen-Doppelsternsystem erzeugt werden; Gravitationswellen entstehen durch die gegenseitige Umkreisung von zwei beschleunigten massereichen Objekten, wie beispielsweise schwarzen Löchern oder Neutronensternen. Ihre gegenseitige Umkreisung bewirkt Verbiegungen im „Netz" der Raumzeit, bei der sich die Entfernungen zwischen den Objekten kurzzeitig ändern. (Quelle: NASA; An artist's impression of gravitational waves generated by binary neutron stars. Quelle: R. Hurt/Caltech-JPL (NASA, 2023))

Wasser geworfen wird, nimmt auch die Intensität von Gravitationswellen mit zunehmender Entfernung von ihrem Ursprungsort ab.

Die Energie, die bei der Verschmelzung der beiden schwarzen Löcher frei wurde, war selbst nach über einer Milliarde Jahre noch stark genug, um die Raumzeit auf unserer Erde für 0,2 s um einen Trillionstel Meter zu verformen ($10^{-18}$ bzw. 0,000 000 000 000 000 001 Meter) (Abbott et al., 2016). Die charakteristische Form des Signals war eine Sinuswelle von 10 bis 15 Zyklen und stimmte exakt mit den Vorhersagen der allgemeinen Relativitätstheorie und Computer-Simulationen von der Kollision zweier schwarzer Löcher überein. Abb. 4.2 zeigt das Signal aus der Originalveröffentlichung vom

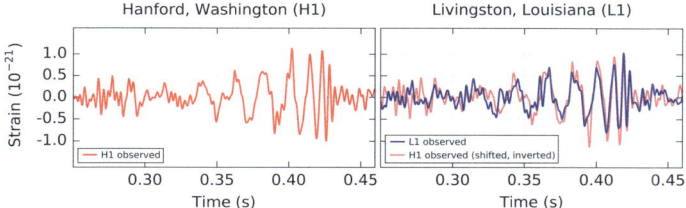

**Abb. 4.2** Erster Nachweis von Gravitationswellen an den beiden LIGO-Standorten Hanford (H1) und Livingston (L1) in den USA am 14. September 2015 um exakt 50 min und 45 s nach 9 Uhr koordinierter Weltzeit. Das Signal trat nahezu zeitgleich an beiden Standorten auf (überlagerte Linien, rechts) und verformte die Raumzeit während 0,2 s um einen Trillionstel Meter, beziehungsweise einen Millionstel Millionstel Millionstel Meter. (Quelle: B. P. Abbott et al. (LIGO Scientific Collaboration and Virgo Collaboration), CC BY 3.0 (Abbott et al., 2016))

11. Februar 2016 in dem Journal *Physical Review Letters* (Abbott et al., 2016). Die aufgezeichnete Welle war aufgrund ihrer Stärke mit bloßem Auge in den Messdaten zu erkennen und derart bilderbuchhaft, dass alle Beteiligten sie anfangs für einen Systemtest hielten.

Seit dem ersten Signal wurden viele weitere Gravitationswellen registriert, die sowohl von der Verschmelzung schwarzer Löcher stammen als auch von der Verschmelzung zweier Neutronensterne. Neutronensterne sind kollabierte Sterne mit einer gewaltigen Masse. Ein „Teelöffel" Neutronenstern wiegt in etwa 1 Mrd. t und damit ungefähr so viel wie der Mount Everest. Ist ein Neutronenstern groß genug, kollabiert er irgendwann zu einem schwarzen Loch.

Umkreisen sich zwei schwarze Löcher oder wie in Abb. 4.1 zwei Neutronensterne, bewirken die beschleunigten Bewegungen dieser massereichen Objekte wellenartige Verbiegungen in der Raumzeit. Die beliebte Darstellung der Raumzeit als elastisches Netz veranschaulicht die Krümmung der Raumzeit durch massereiche Objekte (oder energiereiche Objekte, da $E = mc^2$). Die Krümmung der Raumzeit wird dabei nicht „durch" die Gravitation verursacht – sondern die Krümmung in der Raumzeit „ist" die Gravitation. Gravitation als Krümmung der Raumzeit bewirkt, dass sich Objekte wie Planeten entlang einer von der Raumzeit vorgegebenen Bahn bewegen.

Vielleicht haben Sie schon mal eine Cent- oder Euro-Münze in einen der Trichter geworfen, die häufig in Zoos oder Museen als Spendenbox zu finden sind. Es ist eine unterhaltsame Weise sein Geld los zu werden und für Kinder ohnehin ein Highlight des Ausflugs. Man kann sich währenddessen kaum der Vorstellung entziehen, dass sich die Geldmünze im Einflussbereich eines schwarzen Lochs befindet. Erstaunlich lange halten sich die Münzen auf einer durch die Trichterform vorgegebenen Bahn, ehe sie langsam immer tiefer in den Trichter kreisen und schließlich hineinfallen.

Glücklicherweise imitieren die Spendentrichter aber nicht den finalen Vorgang der (physikalisch wirklich so bezeichneten) „Spaghettisierung". Schwarze Löcher sind derart massereich, dass Objekte bei ausreichender Annäherung durch Gezeitenkräfte verformt werden. Da die Anziehungskraft mit schrumpfendem Abstand zum schwarzen Loch zunimmt, wirken auf der dem schwarzen Loch zugewandten Seite eines Objektes stärkere Kräfte als auf der abgewandten, entfernteren Seite. Das Objekt wird so lange spaghettisiert, bis es letztendlich zerreißt (Hawking, 2011).

Kürzlich konnte sogar beobachtet werden, wie Gaswolken und sogar ganze Sterne durch ein schwarzes Loch spaghettisiert werden (Nicholl et al., 2020). Raumzeit, schwarze Löcher und Spaghettisierungen sind also tatsächlich real, trotz ihrer bizarr anmutenden Eigenschaften und unseres mangelnden Verständnisses bezüglich ihrer Herkunft. Aber wie verhält es sich mit den „Wurmlöchern", die als Tunnel in der Raumzeit häufiger in Film und Literatur vorkommen?

Zwei weit entfernte Bereiche des Universums könnten rein theoretisch miteinander verknüpft sein und eine Art „Brücke" formen, wenn die Raumzeit zufälligerweise oder durch absichtliche „Platzierung" in einer Weise gekrümmt ist, die einen Zusammenschluss erlaubt. In *Interstellar* wird dies anhand eines Papierblatts veranschaulicht: Wenn man zwei Punkte an entfernten Stellen auf ein Blatt Papier malt und es dann knickt, verdeutlicht dieser Knick die Krümmung der Raumzeit. Wenn die Punkte im geknickten Zustand aufeinander zum Liegen kommen, hätten wir in der Theorie ein Wurmloch in der Raumzeit geschaffen.

Ein Blatt Papier zu knicken, wirkt simpel. Wenn man sich aber mitten im Papier befindet und unendlich klein ist – wird die Sache schon schwieriger (Thorne, 2014). Innerhalb der Raumzeit können wir ihre Form nur durch Änderungen der Gravitation beeinflussen. Dazu müssten wir allerdings zumindest in der Lage sein, etwas von der Größenordnung schwarzer Löcher zu bewegen oder am Wunschort zu erschaffen. Ob Wurmlöcher überhaupt existieren können, ist unklar, denn sie verlangen die Existenz von seltsamen Dingen, wie beispielsweise exotischer Materie, die diese Wurmlöcher offen hält. Mit Wurmlöchern wären Abkürzungen in weit entfernte Galaxien in der Theorie zumindest denkbar. Bisher sind sie jedoch ein rein mathematisch-physikalisches Konstrukt, für dessen Existenz es noch keinerlei Beweise gibt (Takahashi & Asada, 2013).

Der Nachweis von Gravitationswellen ist nicht nur ein Triumph der modernen Technik, sondern vor allem ein Triumph der unglaublichen Vorhersagekraft einer wissenschaftlichen Theorie. Die Existenz von Gravitationswellen beweist, dass es noch immer unentdeckte physikalische Phänomene gibt, die wir zwar nicht mit unseren menschlichen Sinnen erfassen können, sehr wohl aber mit der wissenschaftlichen Methode und geeigneter Technik.

Physikalische Phänomene wie Gravitationswellen können uns Dinge über unser Universum verraten, von denen wir ohne die Vorhersagen wissenschaftlicher Theorien niemals etwas erfahren hätten. Wir können Gravitationswellen nicht spüren, aber dennoch existieren sie. Es ist nicht ausgeschlossen, dass noch weitere derartige Phänomene existieren, von denen wir bisher keine Vorstellung haben. Die Wissenschaft dient uns bei der Suche nach ihnen als eine Erweiterung unserer beschränkten Sinne.

## Literatur

Abbott, B. P., et al. (2016). Observation of gravitational waves from a binary black hole merger. *Physical Review Letters, 116*(6), 061102.

Bührke, T. (2015). *Einsteins Jahrhundertwerk: Die Geschichte einer Formel.* dtv.

Hawking, S. (2011). *Eine kurze Geschichte der Zeit.* Rowohlt.

Lieberman, D. Z., & Long, M. E. (2018). *Ein Hormon regiert die Welt: Wie Dopamin unser Verhalten steuert und das Schicksal der Menschheit bestimmt.* Riva Verlag.

NASA. (2023). https://www.nasa.gov/feature/goddard/2016/nsf-s-ligo-has-detected-gravitational-waves.

Nicholl, M., et al. (2020). An outflow powers the optical rise of the nearby, fast-evolving tidal disruption event AT2019qiz. *Monthly Notices of the Royal Astronomical Society, 499*(1), 482–504.

Previc, F. H. (2009). *The dopaminergic mind in human evolution and history.* Cambridge University Press.

Takahashi, R., & Asada, H. (2013). Observational upper bound on the cosmic abundances of negative-mass compact objects and Ellis wormholes from the Sloan digital sky survey quasar lens search. *The Astrophysical Journal Letters, 768*(1), L16.

Thorne, K. (2014). *The science of Interstellar.* Norton.

# 5

# Das Paradies der Moleküle

*Das Paradies pflegt sich erst dann als Paradies
zu erkennen zu geben,
wenn wir daraus vertrieben wurden*

*(Hermann Hesse)*

Wir leben in einem Zeitalter, in dem sich die Erfolge der Wissenschaft und Technik scheinbar überschlagen. Das Genom des Menschen und vieler Tierarten ist inzwischen vollständig sequenziert. Wir können künstliche DNA-Stränge herstellen, sie in lebendige Zellen einschleusen und mit ihrer Hilfe Proteine produzieren. Wir können Lebewesen genetisch verändern und mit Tricks sogar dafür sorgen, dass diese genetischen Veränderungen nur in bestimmten Geweben oder erst zu einem genau definierten Zeitpunkt in der Entwicklung eines Lebewesens auftreten. Unsere besten Mikroskope und

Technologien erlauben es uns, das Innere einer Körperzelle bis auf das kleinste Atom hin zu durchleuchten.

Und doch können wir eines nicht: eine lebendige Zelle herstellen. Noch nie ist es der Wissenschaft gelungen, eine lebensfähige primitive Zelle zu konstruieren, die in der Lage wäre, sich eigenständig zu vermehren. Es ist eine der letzten ultimativen Herausforderung der Wissenschaft und mit Sicherheit die größte der synthetischen Biologie.

Angesichts der Schwierigkeiten, die uns selbst der Bau einer einfachen bakteriellen Zelle bereitet, scheint es nahezu unvorstellbar, dass sich das Leben von ganz allein zu solch gewaltiger Komplexität empor gearbeitet hat. Natürlich hat sich die erste Zelle mit all ihren molekularen Bausteinen und Membranen nicht eines Tages aus heiterem Himmel in einem gewaltigen Zufall zusammengetan und einfach so zu leben begonnen. Die Wahrscheinlichkeit, dass eine fertige Zelle sich in einem prähistorischen Meer aus vereinzelten organischen Bestandteilen einfach so zusammenfügt und zu leben beginnt, verglich der Astronom Fred Hoyle mit der Wahrscheinlichkeit, dass ein Tornado über einen Schrottplatz fegt und dabei rein zufällig eine voll funktionstüchtige Boeing 747 „zusammenwirbelt" (Gordon, 2009).

So unterhaltsam dieser Vergleich auch sein mag, der gerne als Argument gegen die Entstehung des Lebens auf natürlichem Wege (Abiogenese) und für die göttliche Schöpfung (intelligentes Design) verwendet wird, so unsinnig sind doch seine Grundannahmen. Denn weder begann das Leben mit einer fertigen Zelle noch begann die Geschichte des Fliegens mit einer Boeing 747 – einem Jumbojet.

Ebenso wie die Geschichte des Fliegens über viele gescheiterte Ideen und die ersten selbstgebauten Maschinen führte, so verlief auch die Entstehung des Lebens über unzählige Sackgassen, Vorstufen und Entwicklungsschritte. Carl Sagan bemerkte daher scherzhaft im Rahmen einer prestigeträchtigen Vortragsreihe, den „Gifford Lectures", dass das erste von den Gebrüdern Wright hergestellte Motorflugzeug durchaus so aussah, als hätte es durch das Wüten eines Wirbelsturms auf einem Schrottplatz entstanden sein können (Sagan, 2006).

Die Wissenschaft ist sich heute einig, dass das Leben auf natürlichem Wege durch eine spontane Ansammlung von Atomen und Molekülen entstanden ist – eine Evolution der Materie, die durch natürliche Selektion die ersten lebensfähigen Urzellen hervorbrachte. Die Evolution ist nämlich alles andere als eine verstaubte Disziplin der Biologie. Was Charles Darwin vor über 160 Jahren als erster Mensch erkannte, ist vielleicht das grundlegendste Prinzip überhaupt in unserem Universum.

Das, was mit der Materie vor der Entstehung des Lebens auf der Erde geschah, nennen wir chemische Evolution. Denn auch alle physikalischen und chemischen Systeme unterliegen den Spielregeln der Evolution. Unstabile Zusammenschlüsse von Elementarteilchen oder Atomen zerfallen kurz nach ihrer Entstehung wieder. Nur Zusammenschlüsse von Teilchen und Atomen, die innerhalb einer gegebenen Umwelt stabil sind, können überdauern und erhalten überhaupt erst die Möglichkeit, an weiteren Entwicklungsschritten teilzunehmen. Die Auswahl durch die Umwelt, die sogenannte natürliche Selektion, wirkt auch auf nicht-lebende rein physikalische Systeme.

## 5.1 Die Rezeptur des Lebens

Wie sieht sie also aus, die Rezeptur des Lebens? Was brauchen wir, um unbelebte Materie auf einem sterilen Planeten in den blühenden Artenreichtum zu verwandeln, den wir auf der Erde sehen? Falls Sie sich sorgen, dass ich Sie in diesem Abschnitt mit chemischen Synthesewegen in den Wahnsinn treiben werde, können sie beruhigt sein. Es ist auch gar nicht notwendig, denn wir werden wohl niemals mit hundertprozentiger Sicherheit wissen, welchen Weg das irdische Leben tatsächlich genommen hat.

Selbst wenn es uns gelänge, chemische Verbindungen im Labor zum Leben zu erwecken, wäre dies noch lange kein Beweis, dass das Leben auf der Erde tatsächlich auf diese Weise entstanden ist. Es wäre lediglich ein Hinweis, wie das Leben auf einem geeigneten Planeten möglicherweise entstehen kann. Mit Sicherheit wissen wir jedoch, dass die Entstehung des irdischen Lebens den Gesetzen der Physik und Chemie gefolgt sein muss. Ein paar interessante Dinge über diese Vorgänge haben wir inzwischen ganz gut verstanden und diese sind es wert, dass wir sie kurz einmal genauer betrachten.

Die erste wichtige Erkenntnis, die wir über die Entstehung des Lebens haben, ist, dass es gar nicht so schwierig ist, die Bausteine des Lebens aus einfachsten Zutaten herzustellen. Dies funktioniert sogar im Labor. Der deutsche Chemiker Adolph Strecker machte bereits 1850 eine spannende Entdeckung: Mit nur drei simplen natürlichen Ausgangsstoffen, nämlich Aldehyd, Ammoniak und Cyanwasserstoff, ließen sich im Labor einfache Aminosäuren herstellen (Strecker, 1850).

Im folgenden Jahrhundert fanden Wissenschaftler immer mehr über die Zustände heraus, die vor circa 4 Mrd. Jahren auf unserer Erde herrschten. Die gesamte Erdoberfläche war damals von einem gigantischen Ozean aus Salzwasser bedeckt, aus dem sich allmählich Vulkane erhoben und die ersten trockenen Landmassen bildeten. Die Atmosphäre war heiß und stickig (hier wörtlich – nämlich stickstoffreich) und die weltweite

Durchschnittstemperatur lag zwischen 85 und 110 Grad Celsius (Deamer, 2017). Gewaltige Blitze durchzuckten den dunklen urzeitlichen Himmel und entluden ihre elektrischen Spannungen auf den ersten Landmassen und im Ozean.

Stanley Miller und Harold Urey hatten in der Mitte des letzten Jahrhunderts die einfache und dennoch brillante Idee, diese prähistorischen Bedingungen im Labor nachzustellen, um herauszufinden, welche organischen Moleküle sich dabei bilden würden. Sie füllten einen 5 l Glaskolben mit einem Gasgemisch aus Methan, Ammoniak, Wasserstoff und Wasserdampf und imitierten die Energie der Blitze und der UV-Strahlung, die zur damaligen Zeit noch vollkommen ungehindert auf die Erde traf[1], durch das Anlegen einer elektrischen Spannung.

In einem ausgeklügelten System aus zwei miteinander verbundenen Kolben wurde Wasser wiederholt erhitzt, kondensiert und aufgefangen. Dieser Kreislauf sollte den atmosphärischen Wasserzyklus nachahmen, in dem fortwährend Wasser aus Meeren und Seen verdunstet, in kühlere Luftschichten aufsteigt, dort kondensiert und anschließend auf die Erde niederregnet. Größere organische Moleküle wurden in einem Auffangkolben zurückgehalten und durch wiederholte Verdunstungszyklen angereichert.

Miller und Urey ließen diesen Versuchsaufbau vor sich hin brodeln und beobachteten, was geschah. Lange mussten sie allerdings nicht warten. Schon nach einem einzigen Tag bildete sich auf der Wasseroberfläche im Auffangkolben eine Schicht aus Kohlenwasserstoffverbindungen – der chemischen Grundlage allen irdischen

---

[1] es existierte noch keine Ozonschicht, diese konnte sich erst ausbilden, nachdem erste Lebewesen, wie Cyanobakterien, Sauerstoff produzierten

Lebens. Nach nur einer Woche war der Kolben mit einem braunen Schaum gefüllt, der mehrere Aminosäuren, Zuckerverbindungen, Harnstoff, Milchsäure, Teer[2] und andere organische Verbindungen enthielt (Miller, 1953; Miller & Urey, 1959). Das Ergebnis ging als Miller-Urey-Experiment in die Geschichte ein.

Im Jahr 2008 wiederholte ein amerikanisches Forscherteam das Miller-Urey-Experiment und analysierte die Produkte mit heute verfügbaren Analysemethoden. Sie entdeckten, dass im klassischen Miller-Urey-Experiment sogar noch weitere Aminosäuren gebildet wurden, die als essentielle Bausteine für alle Lebensformen dieser Erde dienen und damals übersehen wurden (Johnson et al., 2008).

Nachfolgende Experimente zeigten, dass sogar „Nukleobasen" (ein wichtiger Bestandteil unserer DNA und RNA), „Ribosezucker" (ein weiterer wichtiger Bestandteil unserer RNA) und „Lipid"-ähnliche Kohlenwasserstoffe (Lipide sind die Bausubstanz aller Fette und Zellmembranen von Lebewesen) unter den Bedingungen einer urzeitlichen Erde aus simpelsten Ausgangsstoffen spontan gebildet werden können (Powner et al., 2009; Becker et al., 2016; Deamer, 2017).

## 5.2 Molekulare Wolken

Experimente, wie das von Urey und Miller, sind in vielerlei Hinsicht spannend und lehrreich. Sie zeigen, dass sich die Bausteine des Lebens einzig und allein durch das Reaktionsverhalten der chemischen Elemente auf einer urzeitlichen Erde bilden können. Und es gibt keinen

---

[2] Teer entsteht durch die thermische Zersetzung organischer Naturstoffe, wie beispielsweise Kohle

Grund zu der Annahme, dass ein Prozess wie dieser auf einem anderen erdähnlichen Planeten mit denselben chemischen Elementen und Voraussetzungen nicht in einer vergleichbaren Weise ablaufen sollte. Und was ist schon eine Woche angesichts des Alters unseres Universums?

Nun sind seit dem ursprünglichen Miller-Urey-Experiment schon viele Jahrzehnte vergangen und wir wissen mittlerweile sogar, dass wir für die Herstellung von Aminosäuren und anderen organischen Molekülen nicht einmal einen bewohnbaren Planeten brauchen. Ein Großteil der organischen Materie wird nämlich, ebenso wie alle Sterne und Planeten, in den großen dunklen Wolken aus interstellarem Staub geboren, die unsere Milchstraße und alle anderen Galaxien in dunklen, das Sternenlicht verschluckenden Bändern durchziehen (Abb. 5.1).

Diese dunklen Wolken aus interstellarem Staub sind die Überreste von Sternenexplosionen (sogenannten Supernova-Explosionen) und werden aufgrund der vielfältigen chemischen Vorgänge in ihrem Inneren auch „molekulare" Wolken genannt. In diesen molekularen Wolken schwirren schwere Partikel, wie Eisen und Silizium, umher, die aus dem Inneren von ausgebrannten Sternen stammen. Sie sind umhüllt mit einer dünnen Schicht aus Eis, in der einfache chemische Verbindungen wie Ammoniak, Kohlenstoffmonoxid und Methanol unter der Einwirkung von UV-Strahlung zu komplexen organischen Verbindungen wie Essigsäure, Formaldehyd und Aminosäuren reagieren.

Auch unsere Sonne und ihre umkreisenden Planeten wurden aus dem Staub einer solchen molekularen Wolke geboren. Die neugeborene Sonne im Mittelpunkt unseres Sonnensystems wurde lange Zeit von einer Scheibe aus Staub umkreist, in deren innerem Bereich sich die

**Abb. 5.1** Die Säulen der Schöpfung im Adlernebel (2014). Das Bild wurde aufgenommen mit dem NASA-Weltraumteleskop *Hubble*. Die circa 5 Lichtjahre hohen Säulen baden im glitzernden UV-Licht gigantischer junger Sterne im oberen Bereich des Bildes. Die intensive Strahlung erhitzt die säulenförmigen Wolken und lässt Gas evaporieren und ins All entweichen. In den dichteren Bereichen der Säulen ist das Material vor der intensiven Strahlung geschützt. Tief im Inneren der Säulen werden neue Sterne aus kaltem Wasserstoffgas und Staub geboren. Die Säulen sind Teil einer kleinen Region im Adlernebel, einem großen sternenbildenden Gebiet 6500 Lichtjahre von unserer Erde entfernt. Die Farben der Aufnahme ergeben sich aus den unterschiedlichen Emissionsspektren der chemischen Elemente: Sauerstoff emittiert das absorbierte UV-Licht blau, Schwefel orange und Wasserstoff und Stickstoff grün. (Quelle: NASA, ESA, und das Hubble Heritage Team (STScI/AURA); Public domain; (NASA/ESA, 2023))

schweren Elemente allmählich durch Gravitation zu planetaren Vorläufern zusammenlagerten – den sogenannten Planetesimalen. Die leichteren Elemente im äußeren Bereich der Staubscheibe formten die riesigen Gasplaneten Jupiter, Saturn, Uranus und Neptun.

Im Laufe von Milliarden von Jahren kollidierten und verschmolzen die schweren Planetesimalen zu immer größeren Gesteinsplaneten. Auch unsere Erde wurde auf diese Weise gebildet. Die heutigen Asteroidengürtel unseres Sonnensystems bestehen aus planetaren Vorläufern, die nicht an der Planetenbildung teilnahmen, und sind somit Relikte aus der Entstehungszeit unserer Erde (Deamer, 2020).

Diese Tatsache macht Asteroiden und Meteoriten sehr bedeutungsvoll für alle Wissenschaftler, die den Ursprung des Lebens erforschen – denn sie verraten, welche organischen Moleküle auf unserer Erde vor mehr als 4 Mrd. Jahren den Ausgangspunkt für die Entwicklung allen Lebens gebildet haben könnten. Viele Asteroiden und Meteoriten enthalten komplexe organische Verbindungen, darunter nahezu alle für das irdische Leben benötigten Zutaten. (Der einzige Unterschied zwischen Asteroiden und Meteoriten besteht übrigens darin, dass Asteroiden größer sind als Meteoriten, jedoch kleiner als Zwergplaneten.)

Wir können mit ziemlicher Sicherheit davon ausgehen, dass sich die Grundbausteine des irdischen Lebens nicht erst auf unserer Erde gebildet haben, sondern schon lange davor existierten – beziehungsweise mit Asteroiden, Meteoriten und Staubpartikeln nach und nach auf unsere urzeitliche Erde geregnet sind. Wer bei Staub und Meteoriten an unbedeutend kleine Mengen denkt, liegt übrigens gewaltig daneben. Immerhin stammt auch alles Wasser unserer Erde aus der feinen Eiskruste interstellarer Staubpartikel.

Während der Entstehungsphase unseres Sonnensystems und in den ersten Milliarden Jahren danach waren Asteroiden- und Meteoriteneinschläge viel häufiger als heute. Der Grund dafür ist, dass ein Großteil der gefährlichen Geschosse inzwischen bereits durch Aufpralle mit der Erde absorbiert wurde.

Es scheint also, als ob die Bausteine des Lebens nicht erst vom Leben erfunden oder geschaffen wurden: Das Leben nahm seinen Lauf erst nachdem die geeigneten Bausteine und notwendigen Bedingungen vorhanden waren.

## 5.3 Die fehlende Zutat

Wir können im Labor wochenlang Glaskolben erhitzen und der bräunlichen organischen Masse beim Blubbern und Schäumen zusehen. Mit dem, was wir als Leben bezeichnen, hat dies aber rein gar nichts zu tun (dies wird Ihnen auch der ein oder andere Doktorand bestätigen). Was also fehlt, damit aus all diesen Bausteinen des Lebens auch wirklich Leben entstehen kann?

Damit Leben aus organischen Molekülen entstehen kann, müssen diese Moleküle zuerst einmal zueinanderfinden, aufeinandertreffen und miteinander reagieren – und dafür braucht es nach unserem heutigen Wissensstand neben Wasser als Lösungsmittel noch zwei weitere entscheidende Zutaten – nämlich: Seife und viel Zeit. Obwohl Wasser, Seife und viel Zeit zugegebenermaßen mehr nach den Zutaten für einen gelungenen Badeabend klingen, sind sie in Wirklichkeit die geheime Rezeptur des Lebens. Aber warum sind diese Zutaten eigentlich wichtig und weshalb ist gerade im Fall von Wasser weniger sogar mehr?

Je häufiger organische Moleküle aufeinandertreffen, desto größer ist die Wahrscheinlichkeit, dass dabei eine Reaktion stattfindet, aus der eine komplexere Verbindung entsteht. Es ist im Prinzip wie bei uns Menschen. Die Wahrscheinlichkeit des „Aufeinandertreffens" ist für die Entstehung des Lebens von besonderer Bedeutung, denn die Moleküle des Lebens haben die besondere Fähigkeit, in wässriger Lösung mit gleichartigen Molekülen zu reagieren und dabei größere Strukturen zu bilden. Kommen viele einzelne Bausteine (Monomere), wie beispielsweise Aminosäuren oder Nukleinbasen, auf engem Raum zusammen, können sie unter geeigneten Bedingungen Polymere bilden, die Proteine und Nukleinsäuren genannt werden. Diese als „Polymerisation" bezeichnete Reaktion gehört zu den fundamentalsten Prinzipien der Chemie des Lebens.

Jedes Protein in unserem Körper ist ein kettenförmiges Polymer aus 21 verschiedenen Aminosäuren, wenngleich die Länge dieser Aminosäureketten und die Reihenfolge ihrer Aminosäuren gewaltig variieren. Im weitesten Sinn sind alle „Dinge", die direkt anhand der Vorlage unserer Gene produziert werden Proteine – oder umgangssprachlich „Eiweiße". Vom Antikörper über den roten Blutfarbstoff bis hin zu den Sehrezeptoren in unseren Augen sind sie allesamt nichts weiter als Proteine.

Proteine, die chemische Reaktionen beschleunigen, werden generell als Enzyme bezeichnet und ihre Fähigkeit, chemische Reaktionen zu beschleunigen, als „katalytische Aktivität"[3].

---

[3] Enzyme beschleunigen chemische Reaktionen, indem sie die „Aktivierungsenergie" senken, die für chemische Reaktionen benötigt wird.

Die 21 verschiedenen Aminosäuren, aus denen die Proteine aller Lebewesen bestehen, unterscheiden sich dabei lediglich anhand ihrer Seitenketten, die als kleine Anhängsel aus wenigen Atomen mit anderen benachbarten oder räumlich nahen Aminosäuren wechselwirken können. Die unzähligen Interaktionen, die Aminosäure-Seitenketten innerhalb eines Aminosäurestrangs oder auch zwischen mehreren unterschiedlichen Aminosäuresträngen miteinander eingehen können, verhelfen den Proteinen zu ihrer gigantischen Vielfalt an Strukturen, Formen und Funktionen (Abb. 5.2).

Auch unser Erbgut, die DNA (auf Deutsch eigentlich DNS, für Desoxyribonukleinsäure), besteht aus 3,2 Mrd. aneinandergereihten Basenpaaren, verteilt auf 46 Chromosomen. Wenn man die DNA aus dem Zellkern einer einzigen menschlichen Zelle ausgerollt hinlegen würde, käme man auf eine Länge von circa 2 m. Der Mensch besteht aus durchschnittlich 100 Billionen Zellen, womit selbst nach Abzug der vielen roten Blutkörperchen, die keinen Zellkern und daher auch keine DNA besitzen, immer noch eine Gesamtlänge von ungefähr 150 Mrd. km DNA zusammenkäme – pro Mensch. Man könnte mit der DNA eines einzigen Menschen also ungefähr 3,75 Mio. Mal die Erde umwickeln (der Erdumfang am Äquator beträgt 40.075 km) oder mehr als tausendmal die Entfernung zwischen der Erde und der Sonne überbrücken (147 Mio. km).

Das Leben ist ein Meister der Polymere. Ebenso wie die DNA besteht auch die RNA, die als Kopie des Originals die Erbinformationen aus dem Schutz des Zellkerns hinaus in das Zytoplasma überträgt, aus einer Aufeinanderfolge von einzelnen Nukleotiden. Und sogar die Zuckerspeicher unserer Leber und Muskulatur sind ein Polymer aus hochvernetzten Glukosemolekülen – dem Glykogen.

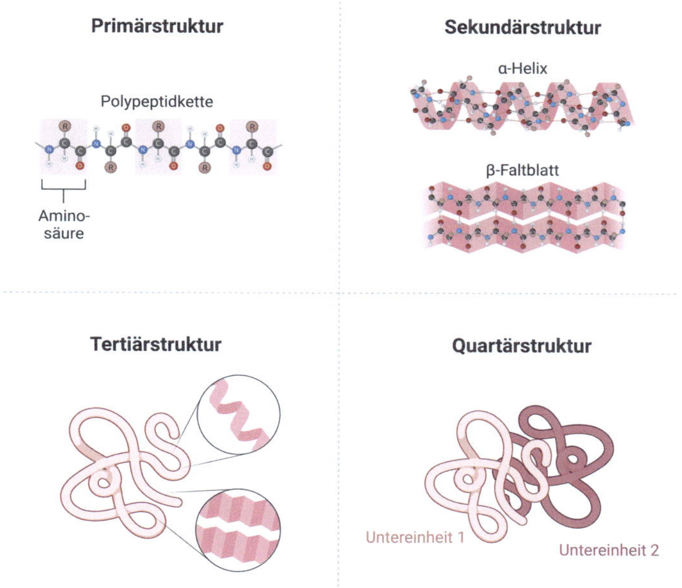

**Abb. 5.2** Aufbau von Proteinen. Primärstruktur: die Reihenfolge der Aminosäuren an einem Strang aus Monomeren, die sich lediglich anhand ihrer Seitenketten (R für Reste) unterscheiden; O: Sauerstoff; C: Kohlenstoff; N: Stickstoff; H: Wasserstoff. Die Reihenfolge der Aminosäuren auf einem Strang wird vom genetischen Code vorgegeben. Sekundärstruktur: Der Aminosäurestrang faltet sich durch die Interaktion der Seitenketten abschnittsweise in Strukturen, die einer Helix oder einem Faltblatt ähneln („Alpha-Helix" bzw. „Beta-Faltblatt"). Tertiärstruktur: Der Aminosäurestrang, bestehend aus Alpha-Helices und Beta-Faltblättern, faltet sich zu einer kompakteren übergeordneten Struktur, in der auch weit entfernte Bereiche auf demselben Aminosäurestrang (auch „Polypeptidkette" genannt) miteinander interagieren können. Quartärstruktur: Mehrere Aminosäurestränge (Polypeptidketten) können sich ebenfalls zusammenlagern und Proteinkomplexe bilden. Faserproteine, wie das Kollagen, und Enzyme bestehen häufig aus vielen Aminosäuresträngen und bilden eine komplexe Quartärstruktur. (Quelle: Die Abbildung wurde adaptiert aus „Protein Structure" von BioRender.com (2023). Abgerufen von http://app.biorender.com/biorender-templates)

## 5.4 Seifenschaum

Es ist extrem unwahrscheinlich, dass die einzelnen Bausteine des Lebens in einem gigantischen prähistorischen Ozean, der den gesamten Erdball umschlang, oft genug aufeinandertrafen, um Polymere zu formen. Damit Leben entstehen kann, müssen die Bausteine des Lebens vermutlich in extrem hoher Konzentration vorhanden sein und genügend Zeit haben, um ungestört von äußeren Einflüssen miteinander in Wechselwirkung zu treten. Diese Bedingungen waren in den Wassern der Meere, in denen die organischen Moleküle vereinzelt umherschwirrten, wahrscheinlich nicht gegeben.

Das Problem aller Ansätze, die den Ursprung des Lebens im Meer vermuten, betrifft allerdings nicht nur die viel zu geringe Konzentration der Biomoleküle im Meerwasser. Der wohl wichtigste Schritt auf dem Weg zum allerersten Leben war mit hoher Wahrscheinlichkeit die Ausbildung von Zellmembranen. Und genau diese Zellmembranen können sich im harten Meerwasser mit all den gelösten Salzen und Mineralstoffen nur extrem schlecht bilden.

Die Zellmembranen nahezu aller Lebewesen, auch die von Bakterien und behüllten Viren, bestehen aus einer speziellen Sorte von Lipiden – den sogenannten Phospholipiden. Diese Phospholipide sind Fettsäuren und damit chemisch gesehen nichts anderes als Tenside oder natürliche Seifen. Und wer schon einmal versucht hat, sich mit Seife im Meerwasser die Hände zu waschen, der weiß, dass sich harte Seifen in Meerwasser weder lösen noch schäumen – also keine Seifenblasen bilden.

Seifen verdanken die bezaubernde sowie nützliche Eigenschaft zu schäumen der „amphiphilen" Natur ihrer Moleküle: Sie bestehen aus einem wasserliebenden

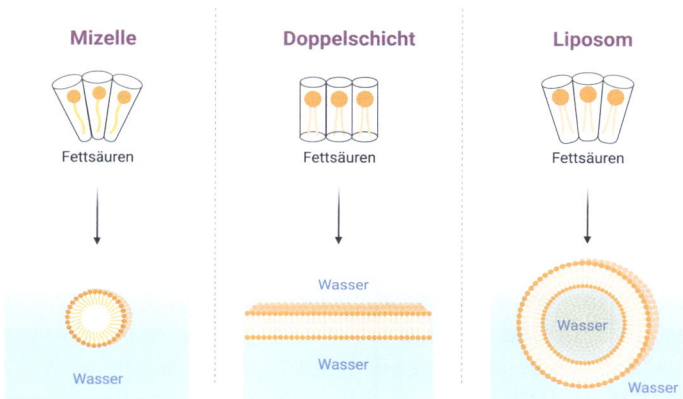

**Abb. 5.3** Strukturen, die Phospholipide in wässriger Lösung annehmen können: Mizellen, Lipid-Doppelschichten und Liposomen. Links: Mizellen bilden sich, wenn sich die hydrophoben Seitenketten der Fettsäuren im Inneren einer Sphäre zusammenlagern. Im Inneren von Mizellen befindet sich kein Wasser. Mitte: Lipid-Doppelschichten bilden die Zellmembranen von Lebewesen. Mit Ausnahme der Ränder sind die hydrophoben Seitenketten der Fettsäuren auch in dieser Formation von der wässrigen Umgebung abgeschirmt. Da eine vollständige Abschirmung aller hydrophoben Fettsäure-Seitenketten energetisch noch „günstiger" ist, lagern sich Lipid-Doppelschichten in wässriger Lösung auch spontan zu Liposomen zusammen (rechts). Die zweidimensionale Doppelschicht bildet dann dreidimensionale Vesikel verschiedenster Größe, in deren Innerem ein wässriger Hohlraum eingeschlossen wird. (Die Abbildung wurde adaptiert aus „Types of Amphipathic Lipid Aggregates" von BioRender.com (2023). Abgerufen von http://app.biorender.com/biorender-templates)

(„hydrophilen") runden Kopfteil und einem wasserabweisenden („hydrophoben") länglichen Schwanzteil (Abb. 5.3). Der wasserliebende Kopfteil der Seifenmoleküle wendet sich stets dem Wasser zu, während sich die wasserabweisenden Molekülketten des Schwanzes, getrieben durch hydrophobe Wechselwirkungen, untereinander zusammenlagern.

Aufgrund dieser besonderen Eigenschaften bilden Seifenmoleküle in wässriger Lösung unverzüglich kleine kugelförmige Mizellen, die auch andere fetthaltige und nicht wasserlösliche Partikel (also Schmutz) in ihrem Inneren miteinschließen. Auf diesem Prinzip basiert die reinigende Wirkung von Seifen. Es scheint paradox, dass Seifen selbst Fettsäuren sind, aber gerade auf dieser Tatsache basiert deren Fähigkeit, Fette aus Materialien zu lösen. Im Umkehrschluss erklärt es auch, weshalb man geölte Holzböden wunderbar mit Schmierseife reinigen und pflegen kann, ohne sie dadurch auszutrocknen.

Während Mizellen aus Phospholipiden für die Waschwirkung von Seifen verantwortlich sind, können sich Phospholipide in Wasser auch zu sogenannten Lipid-Doppelschichten zusammenlagern, in denen sich die wasserabweisenden Schwanzketten gegenüberliegen und die wasserliebenden Köpfe dem Wasser zugewandt sind (Abb. 5.3). Diese zweidimensionalen Lipid-Doppelschichten können, bei ausreichender Größe, im Wasser auch dreidimensionale kugelförmige Liposomen bilden, in deren Innerem sich ein wässriger Hohlraum befindet. Es ist genau dieser geschützte kleine wässrige Hohlraum, der als idealer Ort für die Evolution des Lebens gilt.

Phospholipide und andere Seifenmoleküle bilden diese geordneten Strukturen im Wasser spontan, um den Kontakt der offenen, wasserabweisenden Grenzflächen mit Wassermolekülen zu minimieren. In Wirklichkeit geschieht in der Chemie natürlich nichts einfach so spontan oder von ganz alleine, was nicht die „Entropie", also die Unordnung im Universum, vergrößert. Obwohl Mizellen, Liposomen und Lipid-Doppelschichten hoch geordnete Strukturen sind, ist ihre Bildung energetisch begünstigt, weil sich die Wassermoleküle in ihrer Umgebung durch die Zusammenlagerung der wasserabweisenden hydrophoben Bestandteile ungestörter bzw.

„freier" bewegen können. Dieses Verhalten wird durch den „hydrophoben Effekt" beschrieben, der unterm Strich stets eine Zunahme der Unordnung (Entropie) bewirkt.

## 5.5 Hilfe von oben

Am 28. September 1969 fielen in der Nähe des Ortes Murchison in Australien seltsame schwarze Brocken vom Himmel. Als sie vom Himmel auf die Erde niederregneten, beobachteten die Einwohner der kleinen ländlichen Ortschaft blauen Rauch und einen seltsamen Geruch, der an Brennspiritus erinnert. Die dunklen Brocken waren ein wahrer Segen für die Wissenschaft und stellten sogar die ersten Mondgesteinsproben in den Schatten, die kurz zuvor von der Apollo-Mission geborgen wurden.

Bei dem dunklen Material handelte es sich um 100 kg eines besonderen kohlenstoffhaltigen Meteoriten. Es war der größte „kohlige Chondrit", der jemals gefunden wurde. Sein Material diente für viele wissenschaftliche Experimente und Untersuchungen, die nachwiesen, dass der Murchison-Meteorit neben Wasser, Zucker, alkoholischen Verbindungen und Aminosäuren auch Nukleinsäuren und sogar amphiphile Moleküle enthielt (Deamer, 2017; Oba et al., 2022; Abb. 5.4). Es war eine faszinierende Entdeckung, dass das extrahierte organische Material des Meteoriten sogar kleine membranumhüllte Vehikel bildete, nachdem es in Wasser gelöst wurde (Deamer, 1985, 2020; Deamer & Pashley, 1989).

Mit einem stolzen Alter von ungefähr 5 Mrd. Jahren enthält der Murchison-Meteorit eine Mischung all jener Materialien, die sich während der Entstehungszeit unseres Sonnensystems in der großen Staubscheibe befanden. Aus denselben Materialien bildeten sich auch die größeren

**Abb. 5.4** Ein Schnitt durch den 4,5 Mrd. Jahre alten „Allende-Meteoriten" – einem kohligen Chondrit, der in den frühen Stunden des 08. Februars 1969 in Mexico niederging. Der Chondrit enthält die typischen Silikatkügelchen, die Chondrulen genannt werden. Die unregelmäßigen weißlichen Flecken sind Calcium-Aluminium-Einschlüsse. Die schwarze Grundsubstanz ist reich an kohlenstoffhaltigen Verbindungen. (Quelle: James St. John, CC BY 2.0, (Chondrite, 2023))

Brocken, die unsere Erde formten und noch lange Zeit danach vermehrt auf die neugeborene Erde niederregneten. Es ist nicht ausgeschlossen, dass alle Bausteine des Lebens, inklusive der Bausteine für die ersten Zellmembranen, bereits in den großen molekularen Wolken gebildet wurden und nicht erst auf unserer Erde. In diesem Fall wäre fremdes außerirdisches Leben unserem irdischen Leben vielleicht gar nicht so unähnlich – zumindest was seine Biochemie angeht.

Das nächste Kapitel handelt von dem besonderen und sonderbaren Ort, an dem das Leben vor mehr als 4 Mrd. Jahren seinen Lauf nahm. Und so viel ist inzwischen klar – dieser Lauf begann vermutlich nicht im Meer.

# Literatur

Becker, S., et al. (2016). A high-yielding, strictly regioselective prebiotic purine nucleoside formation pathway. *Science, 352*(6287), 833–836.

Chondrite. (2023). https://flickr.com/photos/47445767@N05/50887737568.

Deamer, D. (2017). The role of lipid membranes in life's origin. *Life, 7*(1), 5.

Deamer, D. W. (1985). Boundary structures are formed by organic components of the Murchison carbonaceous chondrite. *Nature, 317*(6040), 792–794.

Deamer, D. W. (2020). *Origin of life: What everyone needs to know®*. Oxford University Press.

Deamer, D. W., & Pashley, R. (1989). Amphiphilic components of the Murchison carbonaceous chondrite: Surface properties and membrane formation. *Origins of Life and Evolution of the Biosphere, 19*(1), 21–38.

Gordon, R. (2009). Hoyle's Tornado origin of artificial life. In *Divine Action and Natural Selection: Science, Faith, and Evolution* (S. 355). World Scientific Publishing Co.

Johnson, A. P., et al. (2008). The Miller volcanic spark discharge experiment. *Science, 322*(5900), 404–404.

Miller, S. L. (1953). A production of amino acids under possible primitive earth conditions. *Science, 117*(3046), 528–529.

Miller, S. L., & Urey, H. C. (1959). Organic compound synthesis on the primitive Earth: Several questions about the origin of life have been answered, but much remains to be studied. *Science, 130*(3370), 245–251.

NASA/ESA. (2023). https://hubblesite.org/contents/media/images/2015/01/3471-Image.html?keyword=pillars.

Oba, Y., et al. (2022). Identifying the wide diversity of extraterrestrial purine and pyrimidine nucleobases in carbonaceous meteorites. *Nature communications, 13*(1), 1–10.

Powner, M. W., et al. (2009). Synthesis of activated pyrimidine ribonucleotides in prebiotically plausible conditions. *Nature, 459*(7244), 239–242.

Sagan, C. (2006). *The varieties of scientific experience: A personal view of the search for God.* Penguin.

Strecker, A. (1850). Ueber die künstliche Bildung der Milchsäure und einen neuen, dem Glycocoll homologen Körper. *Justus Liebigs Annalen der Chemie, 75*(1), 27–45.

# 6

# Die Wiege des Lebens

*Leben, das ist das Allerseltenste in der Welt –
die meisten Menschen existieren nur*

*(Oscar Wilde)*

Wenn die Bausteine des Lebens im Meerwasser viel zu stark verdünnt sind und sich die ersten Zellmembranen im Meerwasser auch nicht sonderlich effizient bilden konnten, woher stammt dann das irdische Leben? Wo existierte vor über 4 Mrd. Jahren sowohl Süßwasser als auch eine ungewöhnlich hohe Konzentration an organischen Verbindungen und amphiphilen seifenartigen Molekülen?

Wir wissen es nicht mit hundertprozentiger Sicherheit, aber eine recht plausible Antwort lautet, dass das irdische Leben auf vulkanischen Inseln seinen Ursprung nahm. Ähnlich wie auf den heutigen Vulkaninseln Island und Hawaii waren auf den ersten Landmassen bereits vor über vier Milliarden Jahren kleine Süßwasserbecken zu finden, die sich regelmäßig bei Regenfällen oder Geysirausbrüchen füllten und anschließend wieder austrockneten. Das Wasser der Niederschläge und Geysire wusch Staub und andere anorganische und organische Moleküle von der Oberfläche des Vulkangesteins und führte sie in Vertiefungen zusammen.

## 6.1 Kreisläufe

Interessanterweise können sich Polymere aus DNA, RNA und Aminosäuren (also Proteine) recht erfolgreich von alleine bilden, wenn man das Wasser, in dem sie gelöst sind, wiederholt durch Wärme verdunstet. Zahlreiche Laborexperimente und Feldversuche in Gegenden mit vulkanischer Aktivität haben gezeigt, dass dies besonders gut mit Süßwasser und in Anwesenheit bestimmter Bodenbestandteile wie Ton funktioniert. Die längsten Proteinketten werden allerdings gebildet, wenn sowohl die Temperatur als auch die Wassermenge fluktuiert (Lahav et al., 1978).

Die Moleküle des Lebens wurden also in den Süßwasserbecken vulkanischer Inseln nicht einfach nur zusammengespült und durch wiederholte Verdunstung aufkonzentriert, sondern polymerisierten dort vermutlich auch schon zu größeren Molekülketten – wenngleich diese Molekülketten noch vollkommen beliebig und ohne jegliche Funktion waren. Lässt man hier jedoch ein paar Hundert Millionen Jahre des Zufalls walten, darf man überrascht sein, was aus solch einer Zufälligkeit alles entstehen kann (Khatib & Raslan, 2021).

Möglicherweise wurden die umherschwirrenden Moleküle während der Austrocknungsphasen innerhalb der Lipidmembranen und Vesikel gefangen, die sich im

„weichen" Regenwasser hervorragend bilden konnten. Die dafür notwendigen Fettsäuren fanden Wissenschaftler ebenfalls im Schlamm heutiger Vulkaninseln. Dies verfestigte die Theorie, dass unser Leben „vulkanischen Ursprungs" ist und nicht aus dem Meer stammt (Deamer, 2017).

Geschützt im wässrigen Hohlraum der ersten Zellen konnten biologische Moleküle längere Trockenperioden schadlos überstehen und in aller Ruhe ihrer Evolution nachgehen. Jedes Mal, wenn die Pfützen austrockneten, verschmolzen die ersten Vorläuferzellen zu lamellenartigen Lipidschichten, wobei auch ihre Inhalte durchmischt wurden. Auf diese Weise haben wiederkehrende Trocken- und Nasszyklen die Entwicklung des irdischen Lebens vermutlich immens beschleunigt. Ohne Austrocknungszyklen, die den Austausch von Molekülen ermöglichen, hätte ein zufälligerweise entstandenes Molekül, das sich selbst oder andere Moleküle vermehren kann, nicht auf andere Vorläuferzellen weitergeben werden können.

Derartige Kreisläufe gelten als eine der wichtigsten Voraussetzungen für die Entstehung des Lebens. Sie üben einen natürlichen Selektionsdruck aus und verleihen der Evolution dadurch überhaupt erst ihre wichtigste Fähigkeit: immer nur die zufälligerweise besonders angepassten Strukturen florieren und überdauern zu lassen.

Auf Island und Hawaii sowie auf den hydrothermalen Feldern Neuseelands (Rotorua), Kamtschatkas und des Yellowstone Nationalparks finden sich auch heute noch viele Süßwasserbecken, die durch unterirdische Gänge im porösen Vulkangestein oder durch überfließendes Wasser miteinander verbunden sind (Damer & Deamer, 2020; Abb. 6.1). Die Schwerkraft bewirkt, dass das Wasser mitsamt seiner organischen Fracht stets abwärts und damit in Richtung Meerwasser davongetragen wird. Diese

**Abb. 6.1** Silex-Quelle (Lower Geyser Basin) im Yellowstone Nationalpark, Wyoming, USA. So ähnlich könnten die Süßwasserbecken auf vulkanischem Boden vor circa 4 Mrd. Jahren ausgesehen haben, in denen das irdische Leben wahrscheinlich seinen Ursprung nahm. (Quelle: Dietmar Rabich, Wikimedia Commons, „Yellowstone National Park (WY, USA), Silex Spring – 2022–2477", CC BY-SA 4.0, (Spring, 2023))

Hypothese liefert somit auch eine überzeugende Erklärung für die evolutionäre Anpassung des Lebens an wechselnde Umweltbedingungen und letztendlich für den Übergang des Lebens in das Meer. Auf ihrem Weg nach unten kamen die ersten Zellen mit zunehmend salzhaltigerem und mineralstoffreicherem Meerwasser in Kontakt. Die meisten Zellen hielten den neuen Umweltbedingungen nicht stand und ihr Weg endete früher oder später in einer dieser Quellen.

Das Leben produziert jedoch niemals perfekte Kopien seiner Eltern – egal, ob es sich um Menschen, Bakterien, Schmetterlinge oder Gänseblümchen handelt. Und es existieren immer Umstände, unter denen Imperfektion besser ist als Perfektion. Ohne Imperfektion und Andersartigkeit hätte die natürliche Selektion überhaupt nichts zu selektieren – alles wäre gleich. Kleinste genetische Veränderungen, die bei jeder Zellteilung und Vermehrung auftreten, können entweder unbemerkt bleiben oder aber das Überleben ihres Trägers unter bestimmten Bedingungen erleichtern oder erschweren.

Bei einzelligen Organismen, wie Bakterien, genügt es, dass die Enzyme der DNA-Verdoppelungsmaschinerie einfach ein bisschen schlampiger arbeiten, als sie es rein theoretisch könnten – und in vielzelligen Lebewesen auch tun. Komplexe vielzellige Organismen, wie wir Menschen, können uns eine derartig unsaubere Arbeit bei der DNA-Vervielfältigung nicht erlauben. Bei beinahe 100 Billionen Zellen, die in exakt getakteter Weise über viele Jahrzehnte zusammenarbeiten müssen, wäre das Risiko von Fehlbildungen und Krebserkrankungen zu hoch. Die Evolution hat daher für die Anpassungsfähigkeit hoch organisierter Lebensformen einen Kompromiss geschaffen, mit dem wir leben können: die sexuelle Fortpflanzung. Aber zurück zu den Anfängen.

Ebenso wie nach einer Antibiotikaeinnahme auch immer ein paar wenige Bakterien überleben und einen resistenten Stamm bilden können, so gelang es auch einer oder mehreren dieser Vorläuferzellen vor 3,5–4 Mrd. Jahren, in der salzhaltigeren Umgebung des Meerwassers zu überleben und sich an die neuen Umweltbedingungen anzupassen. Wichtige paläobiologische Funde, wie die 3,43 Mrd. Jahre alte Sedimentgesteinformation im Streller Pool Chert in Pilbara in Australien, unterstützen diese Hypothese (Damer & Deamer, 2020). Es handelt sich hierbei um fossile Überreste aus der Entstehungszeit des Lebens, die sich kilometerweit erstrecken (Allwood et al., 2006).

Das frühe Leben wuchs einst unter der Wasseroberfläche auf Riffen und überzog den steinigen Untergrund Generation für Generation mit einer Schicht aus

**Abb. 6.2** Stromatolithen im australischen Shark Bay. (Quelle: Luca Gigandet, Wikimedia commons, Stromatolithes, CC BY-SA 4.0, (Stromatolithes, 2023))

Stoffwechselprodukten und den Überresten abgestorbener Zellen. Im Laufe von Jahrmillionen formten sich auf diese Weise kalkhaltige Gebilde, die wie Matten, Säulen oder runde Steine aussahen – sogenannte Stromatolithen. Diese sonderbaren Formationen leben zur großen Freude von Wissenschaftlern auch heute noch, wie beispielsweise im westaustralischen Shark Bay (Abb. 6.2).

Für noch mehr Aufsehen unter Wissenschaftlern sorgen jedoch Funde von versteinerten und somit verstorbenen Stromatolithen – denn die alles entscheidende Frage lautet: Wie alt sind die Ältesten? Eine wissenschaftliche Datierung der ältesten Stromatolithen würde eine relativ genaue Auskunft über den Entstehungszeitpunkt des irdischen Lebens liefern.

Stromatolithen waren mit großer Sicherheit nicht die allerersten Lebensformen, denn die ersten Zellen existierten bereits Millionen bis hundert Millionen Jahre vor ihnen. Allerdings ist fragwürdig, ob solche extrem kleinen Strukturen, wie die ersten Zellen, überhaupt nachweisbare Versteinerungen bilden können. Möglicherweise haben wir ihre versteinerten Überreste aufgrund ihrer mikroskopisch kleinen Größe bisher aber auch einfach nicht finden können. Wir können das Alter der ältesten Stromatolithen daher als zeitliche Untergrenze für die „Nachweisbarkeit" des Lebens werten. Das erste Leben muss Millionen bis Hunderte Millionen Jahre älter sein als die ältesten Funde versteinerter Stromatolithen.

Im Jahr 2016 sorgte eine wissenschaftliche Entdeckung für großes Staunen: Im Isua-Gneis auf Grönland waren 3,7 Mrd. Jahre alte Stromatolithen gefunden worden (Nutman et al., 2016). Das war erstaunlich, weil die Erde erst seit circa 4 Mrd. Jahren ausreichend abgekühlt ist, um die Entstehung von Leben überhaupt zu erlauben. Wenn die ersten größeren und nachweisbaren fossilen Funde des Lebens aber 3,7 Mrd. Jahre alt sind, dann sagen diese Daten nichts Geringeres aus, als dass das Leben auf der Erde sozusagen „sofort" entstanden ist. Sowie es die Bedingungen erlaubten, war das Leben geboren. Dies ist eine sehr wichtige Erkenntnis – insbesondere wenn man die Wahrscheinlichkeit von Leben auf anderen bewohnbaren Planeten abwägt.

Im Gezeitenspiel des Meerwassers entstanden dann im Ordovizium vor circa 430 Mio. Jahren auch die ersten Landlebewesen: Pflanzen (Strother & Foster, 2021). Ungefähr 50 Mio. Jahre lang beherrschen Pflanzen das Land. Keine Tierlaute, keine Vogelstimmen und kein Summen von fliegenden Insekten durchbrach das Rauschen ihrer Blätter und Nadeln. Nur ein paar wirbellose Würmer und Gliederfüßler führten ihr lautloses Leben im Untergrund.

Erst 100 Mio. Jahre nach den Pflanzen eroberten auch die Wirbeltiere das Land. Entgegen der allgemeinen

Überlieferung waren die ersten Landlebewesen also keine an Land gekrabbelten Fische, sondern Pflanzen und kleine wirbellose Tiere.

## 6.2 Das größte Rätsel

Das größte Rätsel bleibt weiterhin die Frage, welchen Molekülen es zuerst gelang, sich selbst zu vervielfältigen und andere komplexe Funktionen auszuüben. Ein einziges funktionsfähiges Enzym markiert noch nicht den Beginn des Lebens. Ein Molekül lebt erst dann, wenn es in der Lage ist, sich selbst zu vervielfältigen und somit zu erhalten.

Die Herstellung von Proteinen weist in allen irdischen Lebewesen eine außergewöhnliche Besonderheit auf: Die Enzyme, die Proteine zusammenbauen, sind selbst keine klassischen Enzyme, denn sie bestehen nicht wie alle anderen Proteine und Enzyme aus Aminosäuren. Stattdessen bestehen diese „Ribosomen" selbst aus RNA – also aus genau jenem Molekül, dessen Aufgabe es normalerweise ist, die Bauanleitung für Proteine ins Zytoplasma zu übermitteln. Im Vergleich zur DNA, die Millionen Jahre versteinert oder gefroren überdauern kann, ist RNA deutlich kurzlebiger. Gewöhnliche RNA-Stränge leben sogar nur wenige Minuten und genau diese Kurzlebigkeit macht sie optimal regulierbar, um die Bedürfnisse einer Zelle stets an tageszeitliche oder umwelttechnische Bedingungen anzupassen.

Die erstaunliche Entdeckung, dass RNA-Moleküle sich zu komplexen funktionalen Strukturen wie Ribosomen zusammenfügen und sogar chemische Reaktionen katalysieren können, veranlasste Wissenschaftler vor langer Zeit zu der Spekulation, dass einst sowohl alle Erbinformationen als auch alle Enzyme aus RNA bestanden haben könnten. Es ist die Hypothese von der „RNA-World", laut der alles uns bekannte Leben von RNA-Molekülen abstammt. Inzwischen sprechen jedoch einige Indizien dafür, dass eine reine RNA-Welt niemals existiert hat (Francis, 2011; Bernhardt, 2012).

Andere organische Moleküle, wie Proteine und Zuckerverbindungen, existierten mit hoher Wahrscheinlichkeit ebenfalls schon sehr früh auf unserer urzeitlichen Erde. Die Geschichte des Lebens war also vermutlich eine „Co-Evolution" aller erforderlichen Polymere. Nukleinsäuren und Proteine wurden gleichermaßen in den wässrigen Hohlräumen der ersten primitiven Zellen eingekapselt (Damer & Deamer, 2020). Welchem Molekül es tatsächlich als Erstes gelang, sich selbstständig zu vermehren, wird wohl für immer ein gut gehütetes Geheimnis bleiben.

Heute könnten wir wohl nirgends mehr der Evolution lebender Enzyme oder gar der Entstehung von Leben beiwohnen. Unzählige mikrobielle Fressfeinde in jedem Winkel dieser Erde würden sich unverzüglich über die kleinen proteinhaltigen Leckerbissen hermachen. Zu jener Zeit existierten jedoch weder Fressfeinde noch Konkurrenten, die den ersten Zellen die Bausteine des Lebens hätten streitig machen können.

## Literatur

Allwood, A. C., et al. (2006). Stromatolite reef from the early archaean era of Australia. *Nature, 441*(7094), 714–718.

Bernhardt, H. S. (2012). The RNA world hypothesis: The worst theory of the early evolution of life (except for all the others) a. *Biology direct, 7*(1), 1–10.

Deamer, D. (2017). The role of lipid membranes in life's origin. *Life, 7*(1), 5.

Damer, B., & Deamer, D. (2020). The hot spring hypothesis for an origin of life. *Astrobiology, 20*(4), 429–452.

Francis, B. R. (2011). An alternative to the RNA world hypothesis. *Trends in Evolutionary Biology, 3*(1), e2–e2.

Khatib, S. E., & Raslan, A. (2021). Assumption and criticism on RNA world hypothesis from ribozymes to functional cells. *Journal of Bioscience and Bioengineering, 8*(1), 1–12.

Lahav, N., et al. (1978). Peptide formation in the prebiotic era: Thermal condensation of glycine in fluctuating clay environments. *Science, 201*(4350), 67–69.

Nutman, A. P., et al. (2016). Rapid emergence of life shown by discovery of 3700-million-year-old microbial structures. *Nature, 537*(7621), 535–538.

Spring, S. (2023). https://commons.wikimedia.org/wiki/File:Yellowstone_National_Park_(WY,_USA),_Silex_Spring_--_2022_--_2477.jpg.

Stromatolithes. (2023). https://commons.wikimedia.org/wiki/File:Stromatolithes.jpg.

Strother, P. K., & Foster, C. (2021). A fossil record of land plant origins from charophyte algae. *Science, 373*(6556), 792–796.

# 7

# Die Grenzenlosigkeit des Lebens

*Wir sind 10 Milliarden Milliarden Milliarden Atome, die über Atome nachdenken*

*(Carl Sagan)*

Das Leben entstand also mit hoher Wahrscheinlichkeit erst, nachdem komplexe organische Moleküle auf engstem Raum eingekapselt wurden und in Millionen von Trocken-und-Nass-Zyklen hemmungslos ihrer Evolution nachgingen. Durch die Betrachtung dieser molekularen Orgien gelangen wir ganz nebenbei zu einer weiteren bemerkenswerten Feststellung: Die magische Grenze, an der sich die Mechanismen auf einmal grundlegend ändern und der unbelebten Materie das Leben eingehaucht wurde, existiert nicht. Die ersten funktionstüchtigen Zellen sind nicht unsere allerersten Vorfahren.

In einer noch ferneren Vergangenheit stammen wir auch von jenen Molekülen ab, die in der Ursuppe einst noch völlig leblos, aber mit unermüdlichem Bewegungsdrang umherschwirrten. Getrieben wurden diese ersten Atome und Moleküle durch die unbändige Energie der „Brownschen Molekularbewegung", die jedem Atom und jedem Molekül innewohnt und bei zunehmender Temperatur immer rasanter wird. Auf der fundamentalsten Ebene waren die Geburtshelfer des Lebens nichts anderes als Molekülbewegungen, die Kollisionen von Atomen und Vereinigungen zu Molekülen bewirkten. Die Energie der Molekularbewegung ist der Motor, der die chemische Evolution des Lebens antrieb. Die Evolution gibt nur die Richtung vor – sie lenkt die Fahrt des Lebens. Je nachdem, welche Umweltbedingungen vorherrschen, kann diese Richtung enorm variieren.

Unsere Vorfahren waren chemische Elemente, die sich im Sternenstaub und auf der Erde zu ersten anorganischen und organischen Molekülen verbanden. Mit der Zeit wurden die organischen Moleküle immer komplexer und schafften es irgendwann, sich zu verdoppeln und Nachfahren hervorzubringen, die sich ebenfalls vermehren konnten. Es ist eine direkte Abstammungslinie, die zurückreicht bis zum Urknall. Mehr als 13 Mrd. Jahre setzte sich diese Linie ununterbrochen fort und verlief über die ersten reproduktionsfähigen Zellen bis hin zu unserem gesamten heutigen Artenreichtum.

Die Grenze für den Beginn des Lebens ist eine von uns Menschen gesetzte Definition. Die Natur aber weiß nichts von diesem Grenzstrich, der imaginär von uns gezogen wurde. In der Evolution existiert keine Grenze, an der sich schlagartig etwas Entscheidendes ändert oder eine bisher unbekannte Lebenskraft in die unbelebte Materie Einzug hält. Es ist eine kontinuierliche Entwicklung nach stets unveränderten Regeln.

## 7 Die Grenzenlosigkeit des Lebens

Wir werden wohl niemals mit hundertprozentiger Sicherheit wissen, wie unsere ersten Molekülvorfahren aussahen – aber wir wissen, dass ihnen etwas Sensationelles gelang. Wer seine Familie bisher nicht sonderlich vorzeigbar fand, der kann mit berechtigtem Stolz auf diese Ahnengeschichte zurückblicken. Da das irdische Leben vermutlich nur einmal entstanden ist, stammt alles uns bekannte Leben auf diesem Planeten von einem Ort und einer Quelle mit „Urzellen" ab – die höchstwahrscheinlich auf einer prähistorischen Vulkaninsel zu finden war. Die Universalität des genetischen Codes, den alle irdischen Lebewesen ausnahmslos verwenden und in dieselben Aminosäuren übersetzen, lässt dies vermuten.

Man kann menschliches Insulin zur Behandlung von Diabetes effizient und günstig in Bakterien produzieren, einfach weil Bakterien denselben genetischen Code verwenden wie wir Menschen, um zu lesen und zu produzieren, was wir ihnen vorgeben. Wir können mithilfe von bakteriellen Enzymen menschliche DNA in einzigartige und derart charakteristische Muster zerschneiden, dass wir anhand dieser Schnittmuster eindeutige Verwandtschaftsverhältnisse und Identitäten nachweisen können. Die bakteriellen Schneidewerkzeuge helfen uns dabei, Kinder ihren Vätern, Blutspuren ihren Opfern und Hautzellen unter Fingernägeln ihren Mördern zuzuordnen. Die Bakterien selbst haben diese Schneidewerkzeuge im Laufe der Evolution als wirksame Waffen gegen Viren erworben.

Das Zitat am Anfang des Kapitels trifft daher den Nagel in vielerlei Hinsicht direkt auf den Kopf. Wenn alles, einschließlich uns selbst, aus nichts anderem als aus Atomen besteht, dann sind wir buchstäblich „Atome, die über Atome nachdenken". Carl Sagan erhielt aufgrund dieser Aussage immer wieder Briefe von Menschen, die deprimiert und erschüttert über sein häufig verwendetes Zitat waren. Scheinbar ist die Vorstellung für Viele inakzeptabel, dass uns kein anderer „Zauber" innewohnt als die ewigen Gesetze der Physik und Chemie.

Die Feststellung, dass wir aus nichts anderem bestehen als aus Atomen, polarisiert. Eine reflexartige Ablehnung beruht dabei häufig auf der Verweigerung oder dem Unvermögen, die Tragweite dieser Tatsache zu erfassen. Wer eine wissenschaftliche Beobachtung von vornherein aufgrund von Bauchgefühlen ablehnt, versperrt seinem Geist auch die Möglichkeit, ihre Konsequenzen zu Ende zu denken. Warum weckt die Erkenntnis, dass wir aus nichts anderem bestehen als aus Milliarden von Atomen, in vielen Menschen ein Gefühl der Leere? Anstatt dahinter eine Abwertung der eigenen Person zu vermuten, könnte man es auch als eine Aufwertung der Materie deuten.

Was ist beeindruckender? Der Gedanke, dass wir aus derselben Materie bestehen wie alles um uns herum, oder der Gedanke, dass all die Materie um uns herum in einer bestimmten und selbst zusammengefügten Kombination ebenfalls lebendig sein und sogar ein Bewusstsein besitzen kann? Wer kann aus diesem Blickwinkel heraus betrachtet noch mit voller Überzeugung sagen, dass Kohlenwasserstoff-basiertes Bewusstsein oder Denken „natürlicher" ist als Silizium-basierte „künstliche" Intelligenz oder Bewusstsein beispielsweise in Form von Quantencomputern? Künstlich wäre in diesem Fall nur noch der Zusammenbau, da er nicht auf dem klassischen Weg der Evolution verlief.

Falls man bereit ist, seinen Blickwinkel zu lockern und noch einen weiteren Schritt zurück tritt, wird auch dieses letzte Hindernis auf dem Weg zur „Natürlichkeit" aus dem Weg geräumt. Eine am Aufbau von künstlicher Intelligenz behilfliche Art, wie die Menschheit, könnte ebenso als begünstigender oder notwendiger Umweltfaktor verstanden werden wie die Anwesenheit von Vulkaninseln für Kohlenstoff-basiertes Leben. Vielleicht bauen alle Kohlenstoff-basierten intelligenten Lebewesen ab einem gewissen Zeitpunkt in ihrer Entwicklung Computer – und die Entstehung von „künstlicher" Intelligenz ist daher ein häufiger „natürlicher" Entwicklungsschritt.

Die einfache Erkenntnis, dass alles aus Atomen besteht, verleitet zu gewaltigen und weitreichenden philosophischen und physikalischen Überlegungen und Schlüssen. Im ersten Band der berühmten Lehrbuchreihe *Feynman Lectures on Physics* (Feynman et al., 2011), die unter Physikstudenten seit Jahrzehnten Kultstatus genießt, schrieb der theoretische Physiker Richard Feynman:

„Wenn, bei irgendeiner Katastrophe, alle wissenschaftlichen Erkenntnisse vernichtet und nur ein Satz an die nächste Generation von Kreaturen weitergegeben werden würde, welche Aussage würde die meiste Information mit den wenigsten Wörtern beinhalten? Ich glaube, es ist die Atom ‚Hypothese' (oder die Atom ‚Tatsache', wie auch immer man es gerne nennen möchte) die besagt – Alles besteht aus Atomen …" (Feynman et al., 2011).

Dieses Statement bedeutet nicht, dass wir unsere Mitmenschen lediglich als laufende Atomhaufen betrachten sollten, sondern dass wir begreifen müssen, welche Möglichkeiten in Atomen stecken. Alles, was Menschen erreicht oder geschaffen haben, von der Mondrakete über Shakespeares *Romeo und Julia* bis hin zu Beethovens 5. Symphonie, haben Atome geschaffen.

Sollte es uns jemals gelingen, synthetisches Leben in Form einer einfachen Zelle im Labor herzustellen, würde es rein theoretisch bedeuten, dass wir diese Zelle nach Belieben auseinandernehmen und wieder zusammenbauen könnten. Tot, lebendig, tot, lebendig, tot … wäre dann im Prinzip ein beliebig oft durchführbares Protokoll für Wissenschaftler im Labor. Ein derartiges Experiment erscheint uns intuitiv unethisch – was in erster Linie unserer Definition der Wörter „tot" und „lebendig" geschuldet ist.

In unserer klassischen biologischen Definition beginnt Leben mit einer einzigen Zelle, die sich selbstständig teilen – beziehungsweise vermehren kann. Nach dieser grundsätzlichen Definition lebt jede einzige Zelle – egal, ob es sich dabei um ein einfaches Bakterium handelt, die Gehirnzelle eines Menschen oder eine Eizelle vor der Befruchtung. Im weiteren Sinne würden wir jedoch kaum eine Blutzelle oder eine Zelle aus der Mundschleimhaut als Lebewesen bezeichnen oder behandeln.

Wenn die Definition von „lebendig" eine intakte und vermehrungsfähige Zelle ist, wären Viren hauptberuflich tot. Tot zu sein, ist eine interessante Eigenschaft für etwas, dass sich evolvieren und anderen Lebewesen gewaltig auf die Nerven gehen kann. Wenn die Definition von „lebendig" aber lautet, dass sich Moleküle eigenständig oder mithilfe anderer Moleküle vermehren können, dann wären ziemlich viele Dinge lebendig – zum Beispiel Enzyme. Ob Viren nun eigentlich leben oder nicht, weiß tatsächlich niemand so genau und daran werden auch philosophische Diskussionen wenig ändern, denn die Grenze, die wir suchen, existiert einfach nicht. Die eigentliche Frage lautet vielmehr: Ab wann benötigt das Leben unseren Schutz?

Während einige Wissenschaftler der Meinung sind, dass Leben beginne erst, wenn die Kinder aus dem Haus sind und der Hund tot ist, ziehen Neurobiologen die Grenze zum Bewusstsein ab einer gewissen Anzahl an Nervenzellen und Synapsen im Gehirn. Synapsen sind die Verbindungsstellen zwischen Nervenzellen, die auch für unser assoziatives Denken und unsere Intelligenz verantwortlich sind. Wenn wir lernen, bilden sich neue Synapsen. Wenn wir diese nicht benutzen, gehen sie wieder verloren. Es gilt das Motto: „Use it or lose it."

Die Grenze des menschlichen Bewusstseins liegt bei circa $10^{11}$ Neuronen und $10^{14}$ Synapsen. Eine derart definierte Grenze wirft die interessante Frage auf, in welcher Weise sich das Bewusstsein mit deutlich mehr Synapsen qualitativ verändert (Sagan, 2006). Wie ist Bewusstsein mit $10^{30}$ Synapsen oder noch mehr Verbindungen, wie sie beispielsweise künstliche Intelligenzen haben werden? Und fühlt sich das Wort „künstlich" plötzlich nicht schon irgendwie komisch an?

## Literatur

Feynman, R. P., et al. (2011). *The Feynman lectures on physics, Vol. I: The new millennium edition: Mainly mechanics, radiation, and heat.* Basic books.

Sagan, C. (2006). *The varieties of scientific experience: A personal view of the search for God.* Penguin.

# 8

# Tanz der Moleküle

*Man braucht im Leben nichts zu fürchten,
man muss nur alles verstehen*

*(Marie Curie)*

Auf einer geologischen Zeitskala entstand das irdische Leben also mehr oder weniger sofort. Für uns Menschen sind einige Hundert Millionen Jahre immer noch eine beachtliche Zeitspanne – aber für Atome sind hundert Millionen Jahre gewaltig. Zeitspannen werden noch einmal enorm viel größer, wenn man sich vor Augen hält, mit welch beeindruckender Geschwindigkeit Moleküle und Atome im Piko- bis Nanometer-Bereich umherschwirren. Die Abermilliarden winzigen Bausteine der Materie, also Atome und aus mehreren Atomen bestehende Moleküle, surren unentwegt durch die Gegend, prallen aufeinander, kollidieren, verbinden sich, zerfallen, werden in Wasser gelöst oder fallen aus, verlangsamen sich bei Kälte und bewegen sich umso schneller, je heißer es wird.

Der menschliche Körper besteht aus etwa 100 Billionen Zellen. Die meisten dieser Zellen sind nur wenige Mikrometer groß (circa 0,001–0,003 mm) und enthalten eine Milliarde bis eine Billion Moleküle, die innerhalb einer Sekunde an schätzungsweise einer Milliarde chemischen Reaktionen teilnehmen. In einem prähistorischen Süßwasserbecken hat sich also innerhalb einer einzigen Sekunde gigantisch viel abgespielt.

## 8.1 Temperatur

Die hohen Temperaturen auf der frühen Erde machten die Atome und Moleküle noch reaktionsfreudiger, denn Temperatur ist selbst nichts anderes als die Geschwindigkeit der Molekülbewegungen. Diese Molekülbewegung (Brownsche Molekularbewegung) bestimmt maßgeblich, wie schnell chemische Reaktionen ablaufen können. Der niederländische Chemiker Jacobus Henricus van't Hoff fand heraus, dass sich die Geschwindigkeit einer chemischen Reaktion mit jeder Temperaturerhöhung um 10 Grad verdoppelt. Chemische Reaktionen liefen deshalb in den heißen Süßwasserbecken der Erde vor 4 Mrd. Jahren noch um ein Vielfaches schneller ab als in menschlichen Körperzellen.

Ebenso, wie hohe Temperaturen schnelle Molekülbewegungen bedeuten, entsprechen niedrigere Temperaturen langsameren Molekülbewegungen. Am absoluten Nullpunkt der Temperaturskala bei −273,15 Grad Celsius oder 0 K stehen die Atome quasi still (in Wirklichkeit auch noch nicht ganz). Da Molekülbewegungen notwendig für chemische Reaktionen und damit auch für die Entstehung des Lebens sind, kann man davon ausgehen, dass die Entstehung des Lebens auf einem kalten Planeten wesentlich mehr Zeit in Anspruch nehmen würde.

Aber auch zu heiße Planeten sind ungeeignet, denn dort würde Wasser verdampfen und Molekülbewegungen wären so schnell, dass stabile und langlebige Zusammenschlüsse kaum noch möglich sind. Die Bewohnbarkeit von erdähnlichen Planeten hängt daher nicht nur von ihrer Entfernung zum zentralen Stern ab, sondern auch vom richtigen Alter eines Planeten. Außerhalb eines kurzen optimalen Fensters sind die Temperaturen vielerorts entweder zu heiß oder zu kalt für die Entstehung des Lebens.

Die Tatsache, dass Wärme nichts anderes ist als Molekülbewegung, erlaubt es uns, die Welt mit anderen Augen zu sehen und alltägliche Vorgänge besser zu verstehen. Wenn man beispielsweise einen Topf mit Wasser auf dem Herd erhitzt, dann bewegen sich die Wassermoleküle immer schneller, bis die Molekülbewegungen so stark werden, dass besonders hochenergetische Wassermoleküle an der Oberfläche aus dem flüssigen Wasserverband hinausgestoßen werden. Das Wasser verdampft.

Wenn wir eine heiße Suppe abkühlen wollen, lohnt es sich deshalb zu pusten, weil wir dadurch verhindern, dass die verdampfenden hochenergetischen Wassermoleküle wieder zurück auf unsere Suppe prallen. Wir wollen, dass die Suppenoberfläche mit den langsameren, kälteren Molekülen aus der Raumluft Kontakt hat – nicht mit den energiegeladenen Wassermolekülen im Dampf. Gleichzeitig bewirkt das Entweichen besonders hochenergetischer Moleküle aus dem Verband der Wassermoleküle, dass die im Wasser verbliebenen Moleküle nun etwas weniger Bewegungsenergie haben. Das Wasser kühlt ab. Auf dieselbe Weise funktioniert auch Schwitzen durch das Verdunsten von Schweiß.

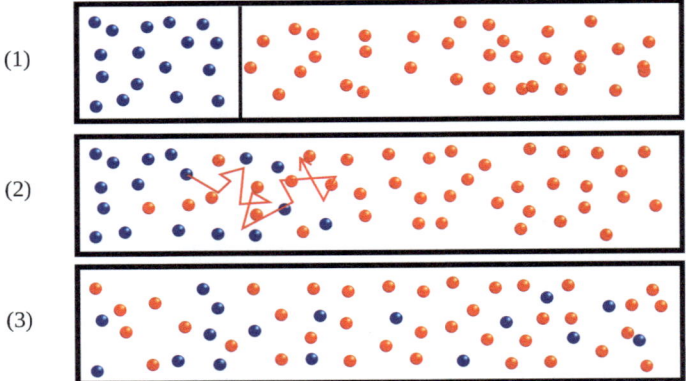

**Abb. 8.1** Die Brownsche Molekularbewegung (auch Random Walk) ist die Ursache für die Diffusion von Atomen oder Molekülen. Die blauen Moleküle mischen sich aufgrund ihrer zickzack-förmigen Bewegungen mit der Zeit unter die roten Moleküle, die ebenfalls in Bewegung sind. (Quelle: Adam Redzikowski, Diffusion (1), Wikimedia commons, CC BY-SA 3.0 (Rędzikowski, 2023))

Die Brownsche Molekularbewegung bewirkt auch, dass sich wässrige Flüssigkeiten mit der Zeit ohne Umrühren vermischen und sich die Duftstoffe eines Parfüms in einem windstillen Raum verteilen. Wir haben ihr zu verdanken, dass der Sauerstoff aus unseren Blutkapillaren in unsere Gewebe vordringt. Dieses Verhalten von Atomen und Molekülen wird als „Diffusion" oder „Random Walk" bezeichnet (Abb. 8.1).

## 8.2 Verbrennung

Die Brownsche Molekularbewegung kann aber noch viel mehr. Wir verdanken ihr beispielsweise, dass ein Motor funktioniert. In einem klassischen 4-Takt-Ottomotor wird

## 8 Tanz der Moleküle 103

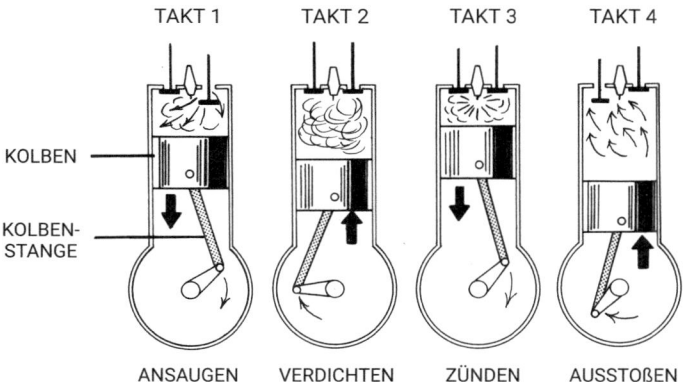

**Abb. 8.2** Die Arbeitsschritte eines klassischen 4-Takt-Ottomotors. Im 1. Takt wird neue Luft durch das Herunterfahren des Kolbens in den Zylinder gesaugt. Die angesaugte Luft wird durch das Hochfahren des Kolbens stark verdichtet (2. Takt) und im 3. Takt gemeinsam mit dem eingespritzten Treibstoff entzündet. Durch die Explosion wird der Kolben wieder nach unten gedrückt. Im 4. Takt wird das verbrauchte Luft-Treibstoff-Gemisch durch das Herauffahren des Kolbens, der über die Kolbenstange mit der Kurbelwelle verbunden ist, wieder aus dem Zylinder gedrückt

die angesaugte Luft im Zylinder während des „Verdichtungstakts" durch das Hochfahren des Kolbens so stark verdichtet, dass die Moleküle zunehmend in ihrer Bewegungsenergie eingeengt werden (Abb. 8.2).

Die Luftmoleküle kollidieren miteinander und mit den Außenwänden des Zylinders, wobei sie ihre Bewegungsenergie während des Aufpralls in Form von thermischer Energie abgeben. Dadurch steigt die Temperatur innerhalb des Zylinders rapide an. Bei einer Temperatur von circa 650 °C erfolgt das Einspritzen des Treibstoffes, der beim Kontakt mit der heißen Luft im Moment der Zündung explosionsartig verbrennt. Die Zündung hat dabei in allen Autos mit einer Autobatterie überhaupt nichts mit Feuer zu tun, sondern wird durch elektrische Funken erzeugt – also überspringende Elektronen.[1]

Durch die explosive Verbrennung des Treibstoffes während des „Arbeitstakts" steigt der Gasdruck im Zylinder schlagartig auf einen Wert von 160 Erdatmosphären an (160 bar) und presst den Kolben im Zylinder wieder nach unten. In Autos ist dieser Kolben über einen „Arm" mit der „Kurbelwelle" verbunden, welche die Auf- und Abwärtsbewegungen der Kolben im Zylinder in eine Drehbewegung auf die Reifen überträgt. Der wahre Trick – oder genauer gesagt die zündende Idee – hinter einem Motor steckt also auch in der Energie der Molekulbewegung – nicht nur im Treibstoff.

Es ist im Prinzip egal, welche organischen Kohlenwasserstoffverbindungen wir dabei verheizen: Alle Kohlenwasserstoffe setzen während der Verbrennung ungefähr gleich viel Energie frei. Ebenso wie ein Motor Treibstoff verbrennt und die Flamme einer Kerze Wachs, so verbrennt unser Körper Fett. Treibstoffe, Wachse und Fette sind organische Kohlenwasserstoffverbindungen mit einem ähnlichen Energiegehalt. Die Verbrennung dieser Verbindungen benötigt Sauerstoff und produziert $CO_2$ und Wasser. Eine Kerze produziert beim Verbrennen von einem Gramm Wachs genauso viel Wärmeenergie und $CO_2$ wie ein Mensch, der ein Gramm Fett verbrennt. Die erstaunliche Feststellung, dass wir Menschen Fett genauso effizient verbrennen, wie die Flamme einer Kerze Wachs verbrennt, beweist, dass die Evolution uns zu perfekten Verbrennungsmaschinen gemacht hat (Deamer, 2020).

---

[1] Eine kurzzeitige mechanische Unterbrechung der Spannung in der Zündspule induziert in der Sekundärwicklung der Zündspule eine hohe Spannung, die über ein Kabel in die unmittelbare Nähe der Zündkerze geführt wird, wo dann der „Funke" überspringt.

## 8.3 Umkehrreaktionen

Die Energie für all diese Reaktionen stammt ursprünglich aus der Photosynthese – jener bedeutendsten aller chemischen Reaktionen, die Sonnenenergie und atmosphärisches Kohlenstoffdioxid ($CO_2$) in Glucose und Sauerstoff umwandelt (Abb. 8.3). Auch Erdöl und Erdgas und somit alle ihre Derivate wie Benzin sind nichts anderes als Sonnenenergie, die im Lauf von vielen Millionen Jahren in Pflanzen eingespeichert wurde.

Das Erdöl bildete sich aus dem Faulschlamm verstorbener Pflanzen und Organismen, die unter dem hohen Druck und der Hitze des Meeresbodens von anaeroben Bakterien in zähflüssige Kohlenwasserstoffe umgewandelt wurden. Wenn wir diese organischen Verbindungen zu Tage fördern und verbrennen, setzen wir dabei nicht nur die Energie der Sonne in Form von Wärmeenergie wieder frei, sondern auch das eingelagerte $CO_2$, das über Hunderte Millionen Jahre eingespeichert wurde. Photosynthesereaktionen und Verbrennungen werden durch dieselbe chemische Gleichung beschrieben. Verbrennen ist die Umkehrreaktion der Photosynthese.

$CO_2$ absorbiert, ebenso wie Wasserdampf, die von der Planetenoberfläche abgegebene langwellige Wärmestrahlung (Infrarotstrahlung), die ansonsten ungehindert in den Weltraum entweichen würde. Ein Teil dieser Infrarotstrahlung (die sog. thermische Gegenstrahlung) wird zur Planetenoberfläche zurückgestrahlt und trägt auf diese Weise zum Treibhauseffekt bei.

$CO_2$ ist nur einer von vielen Atmosphärenbestandteilen und Faktoren, die in einem hochkomplexen Netzwerk auf unser Klima wirken. Auch Landwirtschaft, Abholzung, Schwankungen der Erdumlaufbahn, die Stärke des Magnetfeldes, Veränderungen der Atmosphärenzusammensetzung, die Intensität der Sonneneinstrahlung,

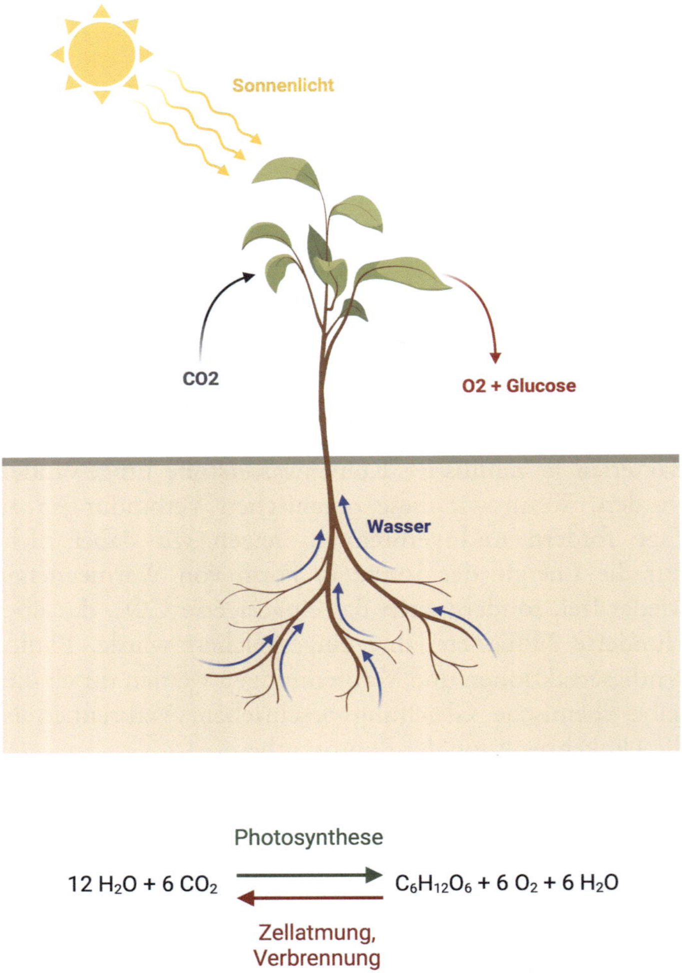

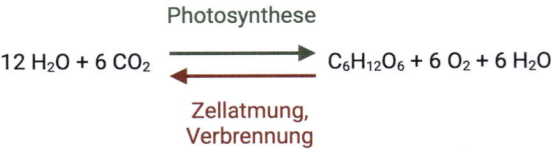

$$12\ H_2O + 6\ CO_2 \xrightleftharpoons[\text{Zellatmung, Verbrennung}]{\text{Photosynthese}} C_6H_{12}O_6 + 6\ O_2 + 6\ H_2O$$

**Abb. 8.3** Die Photosynthese fixiert Kohlenstoffdioxid ($CO_2$) aus der Luft und Sonnenenergie in Kohlenwasserstoffverbindungen, die anderen Lebewesen als Nahrungsgrundlage dienen. Fett, Erdöl, Erdgas oder Kerzenwachs setzen bei der Verbrennung unter Sauerstoffverbrauch das fixierte $CO_2$ wieder frei. Photosynthesereaktionen und Verbrennungen werden durch dieselbe chemische Gleichung beschrieben. (Adaptiert von „Photosynthesis" von BioRender.com (2023). Abgerufen von: https://app.biorender.com/biorender-templates)

Vulkanausbrüche und die Ausdehnung der Eisschilde beeinflussen unser globales Klima. Die Entwicklung eines derart komplexen, nicht-linearen, chaotischen Systems präzise vorherzusagen, ist nahezu unmöglich (Weßling, 2022). Aktuelle Klimamodelle lassen jedoch nichts Gutes erahnen.

Es ist ein Glücksspiel, auf natürliche Ereignisse wie eine Polumkehr oder Veränderungen der Erdumlaufbahn zu hoffen. In der Erdgeschichte spielten sich derartige Ereignisse auf einer Skala von vielen Jahrtausenden ab. Für unsere nahe Zukunft (das heißt die nächsten Jahrhunderte) könnte ihr Einfluss gering sein. Der Ausbruch eines Supervulkans hingegen könnte uns schon morgen vor völlig andere Probleme stellen.

Vulkanausbrüche schleudern gewaltige Mengen an Asche und Gasen in die Stratosphäre. Beim Ausbruch des philippinischen Vulkans *Pinatubo* im Jahr 1991 wurden circa 8 Mio. t Schwefeldioxid freigesetzt, die sich binnen weniger Tage mit Luftströmungen über die gesamte Nordhalbkugel verteilten und einen weltweiten Temperaturabfall bewirkten. In der Erdatmosphäre reagiert Schwefeldioxid mit Luftfeuchtigkeit zu Schwefelsäure, aus der sich kleine Sulfatpartikel bilden. Diese kleinen Partikel reflektieren einen Teil der Sonneneinstrahlung und bewirken auf diese Weise eine Abkühlung der darunterliegenden Atmosphäreschichten (MPG, 2023).

Diese Beobachtungen bilden die Grundlage für den Forschungszweig des „Geo- oder Climate-Engineering", der untersucht, wie wir möglicherweise eines Tages durch das gezielte Einbringen von Partikeln in die Erdatmosphäre, wie beispielsweise Schwefeldioxid, die Notbremse ziehen könnten. Allerdings sind die Auswirkungen derartiger Eingriffe ebenfalls riskant. Da eine Abschwächung der Sonneneinstrahlung in Äquatornähe stärker zum Tragen kommt als an den Polen, könnten wichtige globale Luft- und Meeresströmungen gestört werden oder sogar zum Erliegen kommen (MPG, 2023). Um gefährliche Alleingänge einzelner Staaten zu verhindern, die weltweit unvorhersehbare Auswirkungen haben werden, wäre es jetzt nicht nur an der Zeit, Forschungsgelder in sinnvolle neue Energien, wie beispielsweise die Kernfusion, zu investieren, sondern auch für rechtliche Regelungen zum Einsatz von „Geo-Engineering-Maßnahmen" zu sorgen – denn manche Staaten könnten von diesen Maßnahmen mehr profitieren als andere und dabei unabsichtlich globale Klimakatastrophen herbeiführen.

## Literatur

Deamer, D. W. (2020). *Origin of life: What everyone needs to know®*. Oxford University Press.

MPG. (2023). https://www.mpg.de/16569676/geoengineering.

Rędzikowski, A. (2023). „Diffusion." https://commons.wikimedia.org/wiki/File:Diffusion_(1).svg.

Weßling, B. (2022). *Die Geburt des Zufalls in komplexen Systemen. Was für ein Zufall! Über Unvorhersehbarkeit, Komplexität und das Wesen der Zeit* (S. 147–190). Springer.

# 9

# Ein perfekter Zufall

*Wenn sich das nächste Mal jemand darüber beschwert,
dass du einen Fehler gemacht hast, sag ihm,
dass dies eine gute Sache sein könnte,
denn ohne Unvollkommenheit würden weder du noch ich
existieren*

*(Stephen Hawking)*

Es ist inzwischen längst nicht mehr daran zu rütteln, dass beliebige Mutationen der Stoff sind, aus dem die Evolution alle Lebewesen hervorgebracht hat. Aber gerade diese blanke unverhüllte Beliebigkeit gilt für religiöse Menschen häufig als ein K.-o.-Kriterium für die Omnipotenz eines schöpferischen Gottes (Story, 2009). Wenn zufällige Mutationen die Triebfeder der Evolution sind – wenn unser Universum und alles Leben darin lediglich durch Beliebigkeit und Zufall entstanden ist –, dann kann alles kein göttlicher Plan gewesen sein. Ein allwissender und allmächtiger Gott überlässt so eine wichtige Arbeit wie die Schöpfung doch nicht einfach dem Zufall. Oder?

An diesem Punkt stehen sich Religion und Wissenschaft scheinbar unversöhnlich gegenüber. Scheinbar. Denn für Wissenschaftler, die sich mit all ihrer Kreativität und Unvoreingenommenheit sogar noch weitaus verrücktere Dinge als einen Gott vorstellen können (wie beispielsweise unendlich viele, in einem Hyperraum umherschwimmende Universen im Rahmen der Stringtheorie oder außerirdische Wissenschaftler als Schöpfer unseres Universums), ist dieses Argument nicht haltbar. Möglicherweise ist Gott einfach nur schlauer, als wir uns vorstellen können. Beliebigkeit und Zweckmäßigkeit schließen sich in Wirklichkeit keineswegs aus. Tatsächlich kann Beliebigkeit sogar der schnellste, ökonomischste oder sogar einzige Weg zu einem Ziel sein, dass ansonsten unerreichbar wäre. Dieses Kapitel zeigt, wie das Leben gezielt mit dem Zufall spielt und auf diese Weise seine größten Geniestreiche vollbringt.

## 9.1 Der GOD der Immunologie

Manche biologischen Systeme sind derart raffiniert, dass sie mit den großen Wundern des Universums durchaus mithalten können. Wer meint, dass nur Astrophysik uns zum Staunen bringen kann und aus Atheisten zumindest demütige Zweifler macht, wird sich wundern, dass ein solches System ausgerechnet in der Immunologie zu finden sein soll. Und doch ist es so: Die Immunologie besitzt das beeindruckendste biologische System, das wir kennen. In kaum einer anderen Disziplin klaffen die gesellschaftliche Wahrnehmung und die wahre Komplexität so weit auseinander. Im Gegensatz zur Physik hat die Immunologie bereits ihre Weltformel gefunden, die trotz ihrer Eleganz und weitreichenden Konsequenzen außerhalb der Wissenschaft nahezu unbekannt ist.

Alles fing damit an, dass sich Wissenschaftler in der ersten Hälfte des letzten Jahrhunderts ihre Köpfe darüber zerbrachen, wie es unserem Immunsystem gelang, gegen jeden erdenklichen Krankheitserreger die passenden Antikörper zu produzieren – sogar gegen solche, denen es noch nie zuvor begegnet ist. Damals war auch noch vollkommen unbekannt, woher das Immunsystem überhaupt wusste, welche die „guten" Mikroben waren, die uns beispielsweise bei der Verdauung helfen, und welche die „Bösen" waren, die uns unliebsame und fiese Erkrankungen bescheren. Diese Fähigkeiten sind keineswegs selbstverständlich, sondern eine beeindruckende Leistung.

Der deutsche Arzt und Forscher Paul Ehrlich, nach dem heute das „Bundesinstitut für Impfstoffe und biomedizinische Arzneimittel" benannt ist, lieferte als Erster eine brauchbare Theorie der Antikörperproduktion. Laut Ehrlichs Theorie tragen Immunzellen auf ihrer Oberfläche Proteine, die er Seitenketten nannte und die in etwa dem entsprechen, was wir heute Antikörper nennen. Ehrlich war überzeugt, dass diese Seitenketten an Krankheitserreger oder deren Gifte anhaften können und auf diese Weise ihre Funktion stören. Passte die Seitenkette einer Immunzelle zum Erreger, wie ein Schlüssel zu einem Schloss, so wurde die passende Seitenkette in Übermenge produziert und in löslicher Form auch ins Blutserum sekretiert. Man wurde gesund.

Die „Seitenkettentheorie" war lange Zeit die anerkannte Theorie für die Herstellung von Antikörpern und Paul Ehrlich erhielt 1908 für seine Beiträge zur Immunologie gemeinsam mit Ilia Iljitsch Metschnikow den Nobelpreis für Medizin und Physiologie. Jedoch konnte auch seine Seitenkettentheorie – obwohl sie beinahe korrekt war – nicht erklären, woher die enorme Vielfalt der Antikörper kam. Das eigentliche Problem lag noch viel tiefer, nämlich in der Herstellung der Antikörperproteine selbst.

Die Struktur der DNA war zu jener Zeit noch nicht entschlüsselt, aber man wusste, dass der Bauplan aller Proteine und somit auch aller Antikörper irgendwie im Erbgut eines Lebewesens verankert sein musste. Aus diesem Wissen ergab sich die logische und dennoch absurde Schlussfolgerung, dass unser Erbgut zu einem ganz beachtlichen Teil aus Antikörpergenen bestehen musste, um im Bedarfsfall die passenden Antikörper produzieren zu können.

Als ob diese Feststellung nicht schon seltsam genug wäre, machte der österreichische Pathologe Karl Landsteiner die Verwirrung durch eine weitere eigenartige Entdeckung perfekt. Gemeinsam mit dem amerikanischen Immunologen Merrill Chase veröffentlichte er 1941, dass es möglich war, Antikörper gegen beliebige chemische Verbindungen herzustellen – sogar, wenn diese im Labor synthetisch hergestellt wurden (Landsteiner & Chase, 1941).

Wie war es möglich, dass Immunzellen Antikörper gegen viele Tausend künstlich hergestellte Substanzen produzieren, die in der Natur gar nicht vorkommen? Wie konnte das Erbgut die Gene für quasi unendlich viele Antikörper beherbergen und somit weit mehr Erbgut für die Bekämpfung fremder Proteine verschwenden, denen es womöglich niemals im Leben begegnen würde, als überhaupt Proteine in einer tierischen Körperzelle vorkamen (Hodgkin et al., 2007)? Es war paradox – irgendetwas an den Grundannahmen der Wissenschaftler musste falsch sein.

Die Forscher ließen sich jedoch keineswegs entmutigen. Ganz im Gegenteil. Sie wussten, dass zunehmende Unstimmigkeiten und Probleme einer anerkannten Theorie oftmals die Vorboten großer Entdeckungen und wissenschaftlicher Revolutionen sind. Das Feuer war entfacht und es wurden eifrig neue Hypothesen geschmiedet. Irgendein unbekannter Mechanismus musste in der Lage sein, die unerschöpfliche Antikörpervielfalt zu erklären. Vor über 50 Jahren war es Mel Cohn, der dem System, das die enorme Vielfalt der Antikörper generiert, erstmals den Namen „Generator of Diversity" gab, das fortan als „GOD" abgekürzt wurde (Lennox & Cohn, 1967). Die Suche nach diesem mysteriösen Vielfaltsgenerator wurde fortan zum „GOD-Problem" der Immunologie (Lennox & Cohn, 1967).

Das Rätsel um GOD begann sich allmählich zu lüften, als der australische Mediziner Frank Macfarlane Burnet im Jahr 1957 seine damals völlig neuartige „klonale Selektionstheorie" präsentierte, die inzwischen weltberühmt ist (Burnet, 1957). Die Idee zu dieser Theorie hatte Burnet bei der Durchsicht eines Artikels von David Talmage, der ebenfalls Immunologe war und eine Zusammenfassung der damals gängigen Theorien über die Herstellung von Antikörpern geschrieben hatte (Hodgkin et al., 2007). Nachdem Talmage die Vor- und Nachteile der verschiedenen Theorien diskutiert hatte, machte er abschließend noch eine interessante Bemerkung: Er spekulierte, dass nach dem Kontakt mit einem Krankheitserreger womöglich nicht nur der passende Antikörper in Übermenge produziert wurde, sondern stattdessen die Immunzelle, die den passenden Antikörper auf ihrer Oberfläche trägt (Talmage, 1957). Dieser Gedanke war ebenso einfach wie revolutionär. Er betrachtete erstmals die Immunzelle als die sich replizierende (d. h. vermehrende) Einheit und nicht nur die Antikörperproteine.

Für Burnet fügte sich mit dieser einfachen Feststellung ein Bild von gewaltiger Erklärungskraft zusammen: Er erkannte, dass Immunzellen überall in unserem Körper darauf warten, auf ein passendes Antigen zu treffen. Wenn

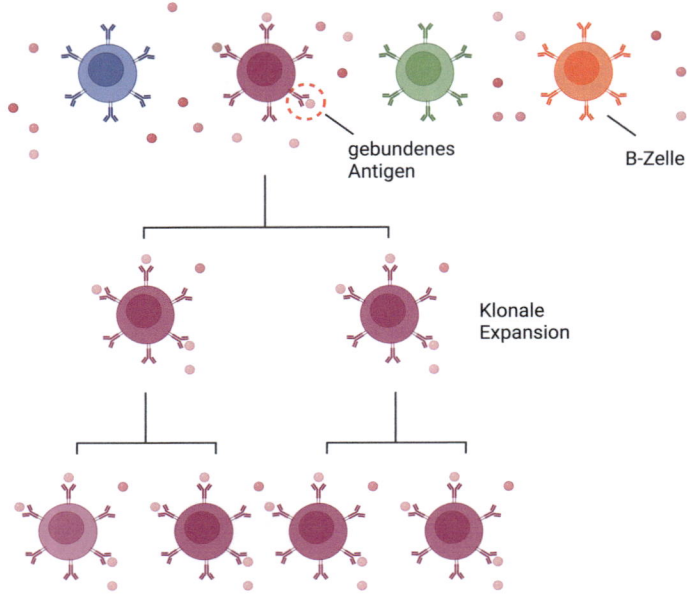

**Abb. 9.1** Klonale Selektionstheorie. Alle B-Zellen tragen individuelle Antikörpermoleküle auf ihrer Oberfläche, die sich in ihrer Fähigkeit unterscheiden, spezifische Antigene zu binden. Wenn es einer B-Zelle gelingt, ein Antigen zu binden, erhält sie einen Wachstumsimpuls und vermehrt sich exponentiell. Es entsteht eine Armee aus Klonen, die exakt auf den spezifischen Erreger zugeschnitten ist. (Die Abbildung wurde erstellt mit BioRender.com (2023))

eine Immunzelle einem Antigen begegnet, das exakt zu den Proteinen auf ihrer Oberfläche passt, dann vermehrt sich diese Immunzelle schlagartig (Abb. 9.1). Das Resultat ist eine riesige Armee aus identischen Klonen von Immunzellen, die alle mit einem exakt auf den Krankheitserreger zugeschnittenen Oberflächenprotein ausgestattet sind. Die Armee aus aktivierten Immunzellen kann diese Oberflächenproteine fortan auch als „Antikörper" in das Blut und die Lymphe sekretieren.

Burnet begriff aber auch, dass ein solches System die Bereitstellung eines gigantischen Immunzell-Arsenals verlangte, dessen Zellen sich alle anhand der Antikörperproteine auf ihrer Oberfläche unterscheiden mussten (Burnet, 1959). Mit seiner „klonalen Selektionstheorie" hatte Burnet als erster Mensch die Funktionsweise des Immunsystems erkannt.

Die Geschichte der „klonalen Selektionstheorie" ist ein eindrucksvolles Beispiel dafür, welche weitreichenden Einsichten ein einfacher Perspektivenwechsel bringen kann. Bis hin zu dieser Theorie war es ein langer Weg, der durch die Arbeit unzähliger Wissenschaftler geebnet wurde, von denen viele weltweite Berühmtheit erlangten und einige mit dem Nobelpreis geehrt wurden. Nach Paul Ehrlich im Jahr 1908 erhielt auch Karl Landsteiner 1930 den Nobelpreis für Medizin, allerdings für die Entdeckung der menschlichen Blutgruppen A, B und 0. Frank Macfarlane Burnet erhielt seinen Nobelpreis 1960 zusammen mit Peter Brian Medawar.

Das „GOD-Problem" war weiterhin ungelöst, aber es wurde nun allmählich klar, auf welcher Ebene sich GOD befinden musste. Burnets Theorie besaß neben ihrer Einfachheit und großen Erklärungskraft nämlich noch eine weitere Besonderheit. Sie verlangte etwas höchst Absonderliches. Damit Burnets Theorie funktionieren konnte, musste unser Körper ein System zur systematischen Mutation von Antikörpergenen besitzen. Nur ein zufälliger Prozess auf zellulärer Ebene, wie absichtlich herbeigeführte Mutationen in Antikörpergenen während der Zellteilung, konnte die enorme Vielfalt der Antikörperproteine und somit das unerschöpfliche Spektrum an möglichen Immunantworten erklären.

Etwas Derartiges zu denken, war aus wissenschaftlicher Sicht absolut revolutionär, denn Lebewesen sollten stets um den Schutz ihrer Gene bemüht sein, anstatt sie willentlich zu „demolieren". Auf der Suche nach GOD schien die Wissenschaft endlich auf eine heiße Spur gestoßen zu sein. Ungefähr zeitgleich standen erstmals auch die geeigneten Methoden zur Verfügung, um seine Existenz zu untersuchen. Die Entschlüsselung der DNA-Struktur hatte die Molekularbiologie und Gentechnik schlagartig auf ein Niveau katapultiert, das es nie zuvor in der Menschheitsgeschichte gegeben hatte. Endlich konnten Wissenschaftler den genetischen Code lesen, der alles uns bekannte Leben programmiert. Sie lernten ihn zu verändern, Abschnitte zu löschen oder Gene einzuschleusen. Die unaufhaltsame Welle des Fortschritts brachte nach Jahrzehnten der Suche auch jenen mysteriösen GOD der Immunologie zum Vorschein, nach dem die Wissenschaft so lange gesucht hatte.

Heute wissen wir, dass GOD aus einer Vielzahl von Enzymen besteht, die sogar noch mehr können als einfach nur mutieren: Sie bedienen sich bestimmter Genabschnitte nach einer Art „Baukastenprinzip", mit dem sie nahezu unendlich viele verschiedene Antikörper basteln können. Sie schneiden DNA auseinander und kleben neu kombinierte DNA zusammen. Sie fügen ganze Abschnitte aus zufälligen DNA-Bausteinen hinzu und löschen andere nach Belieben. Man könnte wörtlich meinen, sie spielen Gott. Auf diese Weise generiert GOD ein Antikörperrepertoire, das im Menschen mindestens hundert Milliarden (100.000.000.000) verschiedene Antikörpermoleküle umfasst – womöglich noch einige Größenordnungen mehr (Murphy & Weaver, 2018).

Diese Zahl bewegt sich in der Größenordnung wie die Anzahl der Sterne in unserer Galaxie – der Milchstraße. Eine derart große Vielfalt an Antikörpern wird immer ein paar Antikörper bereithalten, die in der Lage sind, an einen Krankheitserreger zu binden. Aber eine solche

Menge an Antikörpergenen im Erbgut herumzutragen, wäre definitiv unmöglich.

Zwar produzieren die Zellen unseres Körpers, je nach Organ und Funktion, verschiedene Proteine und Enzyme – aber das Erbgut ist dennoch in jeder Körperzelle identisch. Nicht nur jede Immunzelle, sondern auch jede andere Zelle unseres Körpers, wie Hautzellen oder Leberzellen, müsste bei jeder Zellteilung all diese 100 Mrd. Antikörpergene verdoppeln. Das würde enorm viel Zeit und Energie kosten, insbesondere wenn man bedenkt, dass unser gesamtes menschliches Genom nur etwas mehr als 21.000 Gene umfasst (Willyard, 2018). Um alle (rein hypothetisch möglichen) Antikörpergene in unserem Genom zu speichern, müsste unser Erbgut circa 5 Mio. Mal größer sein – und zwar in jeder einzelnen der ungefähr 100 Billionen Zellen eines erwachsenen menschlichen Körpers (… mit Ausnahme der roten Blutkörperchen, die keinen Zellkern besitzen).

Mit GOD hat die Evolution ein System geschaffen, das ein scheinbar unlösbares Problem mit Leichtigkeit und Eleganz löst. Dafür betreibt GOD systematisch genau das, was Biologen unter „natürlicher Selektion" verstehen und schützt dadurch auf die raffinierteste nur denkbare Art und Weise das Leben des Organismus. GOD generiert nach einem kombinatorischen Baukastenprinzip die Vielfalt der Antikörper und die Umwelt wählt mit ihren Antigenen aus, welche Zellen sich vermehren. Das Immunsystem gibt sich aber nicht einfach mit dem Luxus einer „Klonarmee" zufrieden, sondern perfektioniert diese zeitlebens immer weiter.

Bei jedem wiederholten Kontakt mit einem Antigen oder Erreger erhalten die Immunzellen wieder einen Vermehrungsimpuls (Abb. 9.2). Dabei kann es – wie bei jeder Zellteilung – zu Fehlern bei der Verdoppelung der DNA kommen. Da Mutationen aber bekanntlich auch hin und

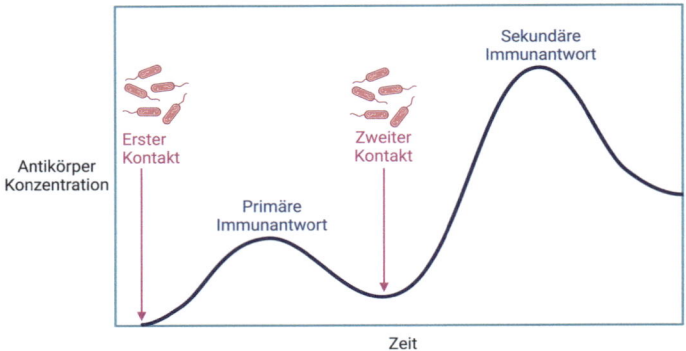

**Abb. 9.2** Immunologisches Gedächtnis und Affinitätsreifung. (Nach dem ersten Kontakt mit einem Krankheitserreger (hier Bakterien) bleiben immunologische Gedächtniszellen im Körper zurück, die bei erneutem Kontakt mit demselben Krankheitserreger unverzüglich reagieren. Die Immunantwort wird durch wiederholten Kontakt mit dem Erreger stärker: Es werden mehr Antikörper produziert und die Antikörper binden fester an das Antigen (Affinitätsreifung). (Die Abbildung wurde adaptiert und übersetzt von „Adaptive Immune Response", von BioRender. com (2023). Aufgerufen auf https://app.biorender.com/biorender-templates))

wieder zu Verbesserungen führen, haben Immunzellen für die Vervielfältigung der Antikörpergene sogar ein extra nachlässig arbeitendes Enzym engagiert: die „DNA-Polymerase Zeta". Dank ihrer absolut unprofessionellen Arbeitsweise, die – würde man sie auf andere Gene loslassen – das ganze Lebewesen ins sichere Verderben stürzen würde, kommt es während der exponentiellen Vermehrung der Klone pro Zellteilung zu durchschnittlich 1–2 Mutationen in der Antigen-bindenden Region des Antikörpers. Immunzellen erreichen auf diese Weise eine Mutationsrate, die eine Million Mal höher ist als in anderen Zellen unseres Körpers.

Hat eine Immunzelle Glück, hilft ihr eine dieser absichtlich herbeigeführten Mutationen dabei, noch fester an das Antigen oder den Krankheitserreger zu binden. Sie hat nun einen Überlebensvorteil gegenüber allen anderen Immunzellen gewonnen und wird diese mit der Zeit als dominanter Klon verdrängen. Die Abkömmlinge des dominanten „Superklons" werden fortan für die Antikörperproduktion zuständig sein, da sie die Bindestellen an freien Antigenen unverzüglich besetzen. Die Bindestellen sind somit für die schwächeren „Artgenossen" blockiert, was diesen letztlich das Signal zur Vermehrung entzieht. Ohne einen Vermehrungsimpuls stellen sie nach kurzer Zeit ihr Wachstum ein.

Auf diese Weise wird eine immer exakter auf den Erreger zugeschnittene Armee geschaffen, von der nach überstandener Infektion immer ein paar Streitkräfte in Form von sogenannten Gedächtniszellen in unserem Gewebe zurückbleiben und darauf warten, sich bei erneutem Erregerkontakt explosionsartig zu vermehren. Die Zucht einer immer perfekteren Klonarmee und die Prägung eines immunologischen Gedächtnisses ist genau das, was sogenannte Booster- oder Auffrischimpfungen erreichen sollen.

Aber auch ein GOD der Immunologie ist nicht unfehlbar. Sehr selten kann es vorkommen, dass während des Reifungsprozesses Mutationen auftreten, die es dem Antikörper ermöglichen, versehentlich an ein körpereigenes Protein zu binden. Derartige Unglücksfälle werden als mögliche Ursache für die Entstehung von Autoimmunerkrankungen, wie beispielsweise multiple Sklerose, diskutiert, bei der eine Kreuzreaktion von Antikörpern gegen das Epstein-Barr-Virus (Pfeiffersches Drüsenfieber) mit dem Myelin-Protein unseres Nervensystems vermutet wird (Bjornevik, Cortese et al., 2022). Solche Selbstangriffe werden normalerweise bereits während der Reifung von

Immunzellen im Knochenmark und Thymus verhindert, wo bereits all jene Immunzellen aussortiert werden, deren Oberflächenstrukturen an körpereigene Proteine binden. Dieser Auswahlprozess ist ebenfalls sehr beeindruckend – denn er verlangt, dass die heranreifenden Immunzellen bereits in den Immunorganen auf alle Proteine treffen, denen sie später in den unterschiedlichen Geweben und Organen des Körpers begegnen werden. Im Thymus übernehmen „medullare Thymusepithelzellen" diese besondere Aufgabe. Sie produzieren und präsentieren Proteine, die sonst nur in spezialisierten Organen und Geweben vorkommen, wie beispielsweise im Darm oder in der Brust. (Falls Sie sich fragen, wo dieses sonderbare „Thymusorgan" in Ihrem Körper überhaupt zu finden ist: Es liegt oberhalb des Herzens, unter dem Brustbein. Bei Neugeborenen ist er circa 6 cm lang, wächst während der Kindheit weiter und schrumpft ab der Pubertät – beziehungsweise wird durch Fettgewebe ersetzt.)

Das Immunsystem ist also darauf „trainiert", körpereigene Proteine nicht anzugreifen. Aber auch fremde Proteine dürfen nicht einfach grundlos angegriffen werden, denn der Großteil aller fremden Proteine, Stoffe und Substanzen sind harmlose Bestandteile aus unserer Nahrung oder Umwelt. Damit wir nicht auf jeden fremden Stoff, dem wir begegnen, mit einer waschechten Allergie reagieren, gibt es glücklicherweise einen zweiten einfachen Sicherheitsmechanismus: Das Immunsystem startet keinen Angriff ohne „Startschuss". Als Startschuss können verschiedenste Signale dienen, die aber in jedem Fall auf die Anwesenheit eines Krankheitserregers, eines Gewebeschadens oder auf Krebszellen hinweisen.

Nur wenn das Immunsystem zusätzlich zum unbekannten Antigen auch ein Gefahrensignal erkennt, greift es wirklich an. Im Fall von multipler Sklerose könnte mit dem Epstein-Barr-Virus möglicherweise beides gegeben sein: die Anwesenheit eines unserem Myelin-Protein ähnlichen, aber fremden Virusproteins und das Gefahrensignal durch das Epstein-Barr-Virus selbst. Diese besondere Kombination könnte das Immunsystem in sehr seltenen Fällen irrtümlicherweise gegen das Myelin-Protein unserer Nervenzellen aufhetzen. Kreuzreaktivitäten entstehen durch gewaltiges Pech in GODs „Mutationsroulette", dessen höchstes Ziel der Schutz unseres Lebens vor Infektionen und Krebskrankheiten ist.

Die Entdeckung von GOD war ein Meilenstein der Wissenschaftsgeschichte und half dabei, neue Therapie- und Diagnoseverfahren zu entwickeln, Krankheiten zu erforschen und Impfstoffe zu verbessern. Aber nicht nur das Immunsystem hat seinen GOD, sondern auch andere biologische Systeme bedienen sich gezielt des Zufalls. Beispielsweise ist auch die sexuelle Fortpflanzung selbst ein solcher Vielfaltsgenerator (GOD) und unser Körper bildet auch keine Eizellen oder Spermien ohne zuvor einen GOD walten zu lassen, der die Vielfalt an Merkmalen im Nachwuchs erhöht – nämlich mithilfe des „Crossing-over" während der Prophase I der Meiose. Dabei ist es erstaunlich, mit welch ausgesprochener Präzision das Leben den Zufall zu seinen Zwecken einsetzt und dosiert.

Wenn der Teufel bekanntlich im Detail steckt, dann steckt Gott insgeheim im Zufall. Anstatt auf jede Schwankung der Umwelt zu reagieren und stets nachzujustieren, hat Gott einen Algorithmus programmiert, der diese Arbeit für ihn übernimmt. Man könnte sich die Evolution auch als eine Art „Autopilot" der Schöpfung vorstellen: Ebenso wie ein Pilot seinen Autopiloten nutzt, um durch die unermesslichen Weiten des Himmels zu navigieren, so navigiert die Evolution das Leben verlässlich durch alle Lebensräume und Erdzeitalter.

## 9.2 Vom Zufall lernen

Wissenschaftler können sich sogar noch einiges von der Genialität des Zufalls abschauen. Moderne Techniken, wie beispielsweise SELEX (Systematic Evolution of Ligands by Exponentiell Enrichment), nutzen dieselbe Vorgehensweise wie GOD, um perfekte Wirkstoffe oder Medikamente zu generieren. Ebenso wie GOD ist SELEX ein kombinatorisches Verfahren zur gerichteten Evolution von Molekülen, aus denen Wissenschaftler diejenigen auswählen können, die am besten an ein Zielprotein binden. Anstatt Jahre oder Jahrzehnte die Struktur eines Krankheitserregers oder Enzyms zu studieren und gezielt Medikamente zu synthetisieren, tun Wissenschaftler es der Natur gleich. Sie suchen nicht mehr nach dem perfekten Design, sondern spielen gezielt mit dem Zufall, um sich anschließend seiner gelungensten Kreationen zu bedienen. Nebenbei lernen sie auf diese Weise auch noch etwas, denn die geeignetsten Kandidaten liefern interessante Informationen über deren Wirkungsweise.

Es muss bitterlich für den Zufall sein, wie wenig seiner Leistung man ihm anrechnet. Oft werden seine Werke als sinnlose Unvollkommenheiten abgetan, die das Leben mit sich bringt, wie Alter, Krankheit oder Tod. Dabei ist nichts davon unüberlegt oder sinnlos, sondern das Resultat eines Millionen Jahre andauernden Abwägungsprozesses.

Der Grund dafür, dass wir alt und grau werden oder an Krebs erkranken, ist nicht darin zu finden, dass wir die Leiter der Evolution auf dem Weg hin zur ultimativen Perfektion noch nicht hoch genug bestiegen haben. Wir altern und erkranken an Krebs, weil die Evolution die Anpassungsfähigkeit von Lebewesen an ihre Umwelt mit dem Schutz ihrer Gene abwiegen muss. Eine übermäßig genaue oder gar fehlerfreie Kopie der Erbinformation sichert nicht das Überleben einer Art, sondern kann in einer sich wandelnden Umwelt sogar ihr Aussterben herbeiführen.

Schwerwiegende Mutationen beeinträchtigen meist die Entwicklung, die Fortpflanzung oder das Überleben eines Lebewesens. Die Mutationen, die für das Sprießen von kräftigen Ästen am wachsenden Baum des Lebens sorgen, sind daher selten groß und gravierend, sondern eher klein und unauffällig. Ob eine Mutation für ein Lebewesen schädlich, belanglos oder sogar vorteilhaft ist, darüber entscheidet nicht die Ursache oder Qualität der Mutation, sondern allein die Umwelt, in der diese Mutation auftritt.

Das Leben brodelt mithilfe des Zufalls unaufhörlich vor sich hin und kann sich glücklich schätzen, wenn es ihm gelingt, etwas zu erschaffen, das den Vorlieben seiner Umwelt entspricht. Die Umwelt gibt den Weg vor, wie ein Flussbett, entlang dem sich der sprudelnde Strom des Lebens ausbreiten kann. Unterschiedliche Umwelten unterstützen das Überleben unterschiedlicher genetischer Veranlagungen und fördern die Entstehung verschiedener Arten. Die unnachgiebigen Bemühungen des Lebens, den Launen einer sich stetig wandelnden und herrischen Natur gerecht zu werden, brachten allen Artenreichtum hervor. Die Bildung neuer Arten verlangsamt sich, je konstanter eine Umwelt ist. In der tiefsten Tiefsee leben seit Jahrmillionen dieselben absonderlichen Geschöpfe.

Nahezu alle Vorgänge, vom Alterungsprozess bis hin zu Krebserkrankungen, hängen an diesem Faden der Anpassungsfähigkeit miteinander verwoben. Altern ist der Preis, den wir zahlen müssen, um etwas länger von Krebserkrankungen verschont zu bleiben (Heikenwälder & Heikenwälder, 2023). Wir erkranken an Krebs, da das Leben genetischen Spielraum benötigt, um sich stets an wandelnde Umweltbedingten anzupassen. Wer sich nicht anpasst, stirbt früher oder später aus.

## Literatur

Bjornevik, K., et al. (2022). Longitudinal analysis reveals high prevalence of Epstein-Barr virus associated with multiple sclerosis. *Science, 375*(6578), 296–301.

Burnet, F. M. (1957). A modification of Jerne's theory of antibody production using the concept of clonal selection. *Australian Journal of Science, 20*(3), 67–69.

Burnet, S. F. M. (1959). The clonal selection theory of acquired immunity, Vanderbilt University Press Nashville.

Heikenwälder, H., & Heikenwälder, M. (2023). *Der moderne Krebs-Lifestyle und Umweltfaktoren als Risiko*. Springer.

Hodgkin, P. D., et al. (2007). The clonal selection theory: 50 years since the revolution. *Nature immunology, 8*(10), 1019–1026.

Landsteiner, K., & Chase, M. (1941). Studies on the sensitization of animals with simple chemical compounds: IX. Skin sensitization induced by injection of conjugates. *The Journal of experimental medicine, 73*(3), 431–438.

Lennox, E., & Cohn, M. (1967). Immunoglobulins. *Annual Review of Biochemistry, 36*(1), 365–406.

Murphy, K., & Weaver, C. (2018). *Die Entstehung von Antigenrezeptoren in Lymphocyten* (S. 221–271). Springer.

Story, C. M. (2009). The God of christianity and the GOD of immunology: Chance, complexity, and God's action in nature. *Perspectives on Science & Christian Faith, 61*(4).

Talmage, D. W. (1957). Allergy and immunology. *Annual review of medicine, 8*(1), 239–256.

Willyard, C. (2018). New human gene tally reignites debate. *Nature, 558*(7710), 354–356.

# 10

# Der kosmische Kalender

*Es gibt Diebe, die nicht bestraft werden
und einem doch das Kostbarste stehlen: die Zeit*

*(Napoleon)*

13,8 Mrd. Jahre sind eine absurd lange Zeit, die man sich selbst mit größter Anstrengung unmöglich vorstellen kann. Die Dauer eines 80 Jahre währenden Menschenlebens kann man sich noch einigermaßen gut vorstellen. Schon schwieriger wird es, wenn wir nur einige Hundert Jahre in der Geschichte zurückgehen: Kaum jemand weiß noch etwas über seine Urgroßeltern, geschweige denn über seine Ur-ur-Großeltern. Wenn man sich das Alter des Universums in Menschenleben mit einer durchschnittlichen Lebensdauer von 80 Jahren vorstellt, dann entspräche dies 172,5 Mio. Lebensspannen. Man kann sich diesen Zeitraum auch als 6,9 Mio. Mal unsere Zeitrechnung (seit Christi Geburt) vorstellen oder als 212 Mal die 65 Mio. Jahre, die seit dem Aussterben der Dinosaurier vergangen sind. Es bleibt ein unbegreiflich hoher Wert.

Um die enorme Zeitskala unseres Universums zu veranschaulichen, hat der Astrophysiker und Autor Carl Sagan das Bild des „kosmischen Kalenders" geprägt, das mit seinem Buch *Die Drachen von Eden* und der weltweit erfolgreichen Dokumentarserie „Unser Kosmos" aus dem Jahr 1980 bekannt wurde (Sagan, 1977). Der kosmische Kalender komprimiert die gesamte Geschichte unseres Universums auf ein einziges Jahr, wobei der Urknall an Neujahr um 0 Uhr stattfand. Alle weiteren Ereignisse bis hin zum heutigen Tag verteilen sich auf den Zeitraum eines einzigen imaginären, kosmischen Jahres. Dieser Kalender ist hilfreich, um ein grobes Gefühl für die enorm große Zeitskala unseres Universums zu bekommen.

Am 22. Januar dieses kosmischen Jahres bildeten sich die ältesten Galaxien. Unsere Heimatgalaxie – die Milchstraße – entstand bereits Mitte März. Allerdings dauerte es noch bis zum 2. September, bis in der Milchstraße endlich unsere Sonne geboren wurde. Die vergleichsweise späte Geburt unseres Sonnensystems ist eine interessante Tatsache, denn die „Jugend" unserer Sonne im Vergleich zu anderen Sternen legt nahe, dass sich das Schicksal möglicher anderer Lebensformen und Zivilisationen bereits vor Milliarden von Jahren abgespielt haben könnte.

Vier Tage nachdem die Sonne entstand, wurde sie auch schon von unserer Erde umkreist. Einfachste Lebensformen, die nur aus einzelnen Zellen bestehen, gab es schon ab dem 21. September. Es ist eine interessante Erkenntnis, dass einzelliges Leben nahezu direkt erstanden ist, nachdem die Erde ausreichend abgekühlt war, um flüssiges Wasser zu ermöglichen (Abb. 10.1: geologische Zeitskala unserer Erde).

Als Vertreter der frühesten Lebewesen besiedelten Blaualgen (Cyanobakterien) in großen Teppichen die Meere und produzierten als Endprodukt ihres Stoff-

# 10 Der kosmische Kalender

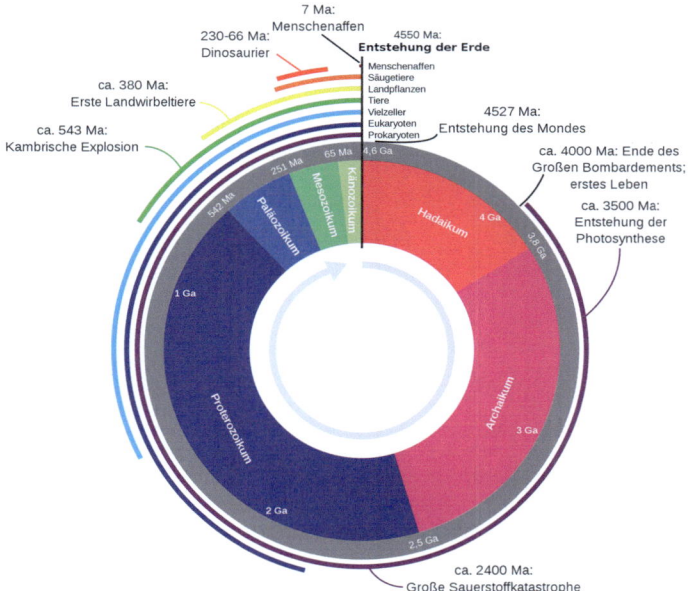

**Abb. 10.1** Geologische Uhr mit Zeitskalen und Ereignissen seit der Entstehung der Erde vor circa 4,55 Mrd. Jahren. Ma: Jahrmillionen; Ga: Jahrmilliarden. (Quelle: Wikimedia commons, CC0 1.0 Universell, (CC0 1.0), Public Domain Dedication)

wechsels Sauerstoff in einer chemischen Reaktion, die sich Photosynthese nennt. Sauerstoff ist chemisch sehr reaktionsfreudig und war aufgrund seiner oxidierenden Eigenschaften für damalige Lebensformen ein hoch giftiges Gas. Anfangs konnte der produzierte Sauerstoff noch von anderen Elementen wie Schwefel, Wasserstoff, Kohlenstoff und Eisen durch Oxidationsreaktionen abgefangen werden. Durch die Oxidation mit dem Sauerstoff in der Erdatmosphäre erschien die bisher schwarze Erde von nun an in einem charakteristischen „Rostrot". Das oxidierte Eisen war nicht mehr im Wasser löslich und fiel weltweit in Schichten aus. Diese als „Bändererz" bekannten Formationen sind heute global die wichtigste Quelle von Eisenerz (Abb. 10.2).

**Abb. 10.2** Bändererz in Dales Gorge, Karijini National Park, Western Australia. (Quelle: Wikimedia commons, Graeme Churchard (Autor), Banded iron formation Dales Gorge.jpg (Iron, 2023))

Heutzutage wird dieses Eisenerz in Hochöfen erhitzt, bis es den gebundenen Sauerstoff wieder abgibt und als reines Eisen für die Stahlproduktion verwendet werden kann. Zur Stahlherstellung muss das reine Eisen noch mit Kohlenstoff angereichert werden, beispielsweise durch die Verbrennung mit Kohle oder Koks (Koks ist nahezu reiner Kohlenstoff und wird selbst aus Kohle hergestellt). Die Herstellung von Stahl aus Eisenerz entspricht im Prinzip einer umgekehrten Verbrennungsreaktion: Während andere Materialen, wie Holz oder Wachs, normalerweise Sauerstoff während der Verbrennung aufnehmen und Kohlenstoffdioxid ($CO_2$) abgeben, gibt das oxidierte Eisenerz bei der Verbrennung mit Kohle den Sauerstoff wieder frei und nimmt Kohlenstoff auf. Dadurch steigt auch seine Festigkeit, was Stahl gegenüber Eisen zum stabileren und damit hochwertigeren Baustoff macht.

Die Konzentration des hoch aggressiven Sauerstoffgases stieg weiter unaufhörlich an, bis von den Algen schließlich mehr Sauerstoff produziert wurde, als mit anderen Elementen in der Atmosphäre und den Ozeanen reagieren konnte. Vor 2,4 Mrd. Jahren oder Ende Oktober des kosmischen Jahres kam es zur „großen Sauerstoffkatastrophe" (englisch: Great Oxidation Event), die einen Großteil des damaligen Lebens auf der Erde auslöschte und das folgenreichste Klimaereignis in der Erdgeschichte darstellt (Abb. 10.1). Beinahe zeitgleich entwickelten sich die einzelligen Blaualgen zu großen vielzelligen Kolonien weiter. Diesem Entwicklungssprung der Blaualgen wird ebenfalls ein bedeutender Beitrag an der Klimakatastrophe zugeschrieben (Olejarz et al., 2021; Schirrmeister, Gugger et al., 2015).

Das Leben auf der Erde brauchte viele Millionen Jahre, um sich von dieser Katastrophe zu erholen und sich an die neuen Umweltbedingungen anzupassen. Danach kehrte es mit nie dagewesener Energie zurück. Der Sauerstoff in der Atmosphäre und den Ozeanen wurde zum mächtigen Energielieferanten für die Zellatmung und ermöglichte dadurch komplexes vielzelliges Leben. Es entstanden die sogenannten eukaryotischen Zellen höherer Lebewesen, die neben einer schützenden Zellmembran auch einen Zellkern und Zellorganellen besitzen und spezialisierte Funktionen ausüben können („eu karyon" altgriechisch für „echter Kern").

Eine besondere Form dieser Zellorganellen sind die Kraftwerke tierischer Zellen, die Mitochondrien. Ihre Vorfahren waren kleine Bakterien, die irgendwann von einer größeren eukaryotischen Zellen einverleibt wurden und sich in ihr, vor schädlichen Umwelteinflüssen und Fressfeinden geschützt, erfolgreich vermehrten. Der bakterielle

Ursprung unserer energieliefernden Mitochondrien wird „Endosymbiontentheorie" genannt.

Auch heute noch besitzen Mitochondrien ihre eigene DNA und vermehren sich unabhängig von unseren Körperzellen. Teilen sich unsere Körperzellen, werden die Mitochondrien als Bestandteil des Zytoplasmas beliebig zwischen den neu gebildeten Tochterzellen aufgeteilt. Mithilfe dieser neuartigen mitochondrialen Kraftwerke, die den im Überfluss vorhandenen Sauerstoff extrem effizient nutzten, war vielzelliges eukaryotisches Leben von nun an in der Lage, Unmengen an Energie zu produzieren und unabhängig von Zellgröße und Diffusionsgradienten zu wachsen.

Der zunehmende Sauerstoffgehalt der Erdatmosphäre hatte eine weitere besondere Folge für das sich entfaltende irdische Leben: Der Sauerstoff ermöglichte die Ausbildung einer Ozonschicht, die fortan das irdische Leben vor einem Großteil der gefährlichen UV-Strahlung abschirmte. Dies geschieht, weil UV-Strahlen kontinuierlich Stickstoffdioxid ($NO_2$) und Sauerstoffmoleküle ($O_2$) in unserer Atmosphäre spalten, wobei sehr reaktionsfreudige Sauerstoffradikale entstehen ($O^*$), die beim Kontakt mit anderen Sauerstoffmolekülen ($O_2$) umgehend zu Ozon ($O_3$) reagieren ($O^* + O_2 = O_3$ Ozon).

Da die dichte sauerstoffreiche Atmosphäre das kurzwellige blaue Licht der Sonne stärker bricht und streut als andere Wellenlängen, wurden der Himmel und die Meere blau. Das tiefe Blau unserer Meere ist nichts anderes als die Reflexion der Farben unseres Himmels. Wer direkt am Wasser lebt, kann beobachten, dass das Wasser je nach Bewölkung und Sonnenstand eine andere Farbe annimmt – es erscheint jeden Tag anders. Ist der Himmel stark bewölkt und die Sonne bricht kurzzeitig durch ein kleines Loch in der Wolkendecke, erscheint das Meerwasser in grünlichen und gelblichen Feldern. Dann sehen wir vom Ufer aus

Algenfelder und Sandboden in ihren eigentlichen Farben durch die Oberfläche leuchten und selbst ein nördliches Meer wie die Ostsee ähnelt für kurze Zeit einem tropischen Korallenmeer.

Erst im Dezember des kosmischen Jahres begann das irdische Leben an Fahrt aufzunehmen und viele der uns vertrauten Tierarten hervorzubringen. Mitte Dezember erschienen silbrig glitzernde Fische in den Meeren und Seen dieser Erde. Kurz vor Weihnachten, am 21. Dezember, entstanden Insekten und am 25. Dezember, dem ersten Weihnachtsfeiertag, beherrschten die Dinosaurier diesen Planeten. Leicht gebaute Vögel mit gefederten Flügeln schwangen sich am 27. Dezember in die Lüfte und erst am 31. Dezember des kosmischen Jahres betraten Affen die Bühne der Welt.

Um 22:30 Uhr des letzten Tages des kosmischen Jahres existierten die ersten Vorfahren der heutigen Menschen. Die klassische Antike beginnt erst 7 s vor Mitternacht. Unsere technische Zivilisation und jeder Mensch, den wir jemals kannten oder persönlich begegnet sind, lebte im letzten Bruchteil der letzten Sekunde der Silvesternacht des kosmischen Jahres (Sagan, 1977).

## Literatur

Iron, B. (2023). https://de.m.wikipedia.org/wiki/Datei:Banded_iron_formation_Dales_Gorge.jpg.

Olejarz, J., et al. (2021). The great oxygenation event as a consequence of ecological dynamics modulated by planetary change. *Nature communications, 12*(1), 3985.

Sagan, C. (1977). *Dragons of Eden: Speculations on the evolution of human intelligence.* Hodder & Stoughton.

Schirrmeister, B. E., et al. (2015). Cyanobacteria and the great oxidation event: Evidence from genes and fossils. *Palaeontology, 58*(5), 769–785.

# 11

# Leben im Universum

*Wo sind alle?*

*(Enrico Fermi)*

Eine der mit Sicherheit spannendsten Fragen ist, ob wir im Universum alleine sind. Intelligentes außerirdisches Leben klingt für Viele genauso absurd wie Grusel- oder Gespenstergeschichten. Dabei handelt es sich hierbei um etwas überaus Wahrscheinliches, denn wir haben ein signifikantes Beweisstück, dass Leben in unserem Universum existieren kann: unsere Erde.

Wenn man sich die vielen Hinweise ansieht, die für die Existenz von außerirdischen Lebensformen sprechen, ist man unausweichlich gezwungen, ihre Entdeckung früher oder später zu erwarten. Wie früh oder spät, würde dann in erster Linie von unseren Bemühungen abhängen, nach ihnen zu suchen. Und diese sind – zumindest im Moment und relativ zu anderen Forschungsgebieten – eher bescheiden.

Aber wie können wir von außerirdischem Leben, selbst in seiner anfänglichen, primitiven oder ausgestorbenen Form, erfahren? Die Suche nach intelligentem außerirdischen Leben wird „SETI" genannt, als Abkürzung für „Search for Extraterrestrial Intelligence", und ist wie kaum ein anderes Forschungsgebiet von einem Hauch von Abenteuer umgeben. Wenn es der Menschheit gelingt, sich vorurteilslos von ihrer Neugier leiten zu lassen, steht ihr eine Ära von großen Entdeckungen bevor.

## 11.1 Von Einhörnern und Außerirdischen

Wissenschaftler wissen, dass es unmöglich ist, die „Nicht-Existenz" von etwas zu beweisen. Daher suchen sie lieber nach Hinweisen für die Existenz von interessanten Dingen – beispielsweise nach außerirdischem Leben. Und der Beweis, dass gewisse Dinge tatsächlich existieren, kann die Wahrscheinlichkeit oder Glaubwürdigkeit von anderen unwiderlegbaren Dingen gehörig ins Wanken bringen.

Wir können nicht beweisen, dass Einhörner nicht existieren. Aber anders als im Mittelalter glaubt heute kein (erwachsener) Mensch mehr an Einhörner. Diese Vernunfteinkehr verdanken wir nicht unwesentlich dem dänischen Arzt und Archäologen Ole Worm, der das Horn des Einhorns im Jahr 1638 als „Stoßzahn" des Narwals entlarvte. Bei diesem Stoßzahn handelt es sich um einen der beiden Eckzähne des Narwals, meist den linken (seltener den rechten oder beide Eckzähne), der sich nach der Geburt im Uhrzeigersinn windend durch die Oberlippe des Wals bohrt und eine Länge von bis zu drei

Metern erreichen kann. (Wobei man sich an dieser Stelle kurz wundern darf, warum bis dahin niemandem auffiel, dass es sich um Zahn und nicht um Horn handelt, so wie es bei Hörnern üblich ist – zumal das „Horn" des Einhorns in pulverisierter Form als Allheilmittel angepriesen wurde und Zahn wesentlich schwieriger zu „pulverisieren" ist als Horn …).

In gleicher Weise, wie die Entdeckung von Narwalen die Existenz von Einhörnern in ein völlig anderes Licht rückte, würde die Entdeckung von außerirdischem Leben alles irdische Leben in einen höheren Gesamtkontext setzen und nicht nur die biblische Schöpfungsgeschichte ganz offenkundig antiquiert erscheinen lassen. Auch die Wissenschaft müsste gehörig an den Steinen ihres Fundaments nachbessern. Die Frage nach Leben im Universum ist weit mehr als nur eine wissenschaftliche Fragestellung. Sie ist eine der grundlegendsten Fragen der menschlichen Existenz.

Wir haben noch nicht einmal angefangen richtig nach etwas zu suchen, das höchstwahrscheinlich existiert oder existiert haben muss. Und wer nicht sucht, der kann bekanntlich auch nichts finden. Es ist geradezu vermessen, darauf zu hoffen, dass irgendjemand von „denen" uns findet oder mit uns Kontakt aufnimmt. Die Menschheit produziert seit kaum mehr als 100 Jahren elektromagnetische Wellen, nämlich genau so lange, wie es Radio- und Fernsehübertragungen gibt. Und seit noch kürzerer Zeit erst horchen wir mit riesigen Teleskopen in den Himmel hinein.

Da sich elektromagnetische Wellen mit Lichtgeschwindigkeit ausbreiten, konnten die Nachrichten unserer technischen Zivilisation inzwischen gerade einmal 100 Lichtjahre weit in den Weltraum vordringen. Die Chance, dass unsere Signale innerhalb dieser kurzen

Reichweite von einer anderen intelligenten Lebensform empfangen werden, ist extrem gering. Zumal diese nicht nur zeitgleich mit uns existieren müsste, sondern auch ebenso weit technisiert sein müsste.

Von unserem Sonnensystem aus gesehen befinden sich innerhalb einer Entfernung von 50 Lichtjahren gerade einmal 971 fremde (sogenannte extrasolare) Sternensysteme und nur knapp 40 von diesen beherbergen gesicherte Planeten (sogenannte Exoplaneten, wobei die griechische Vorsilbe „exo-" für „außen" steht und sich auf die Position außerhalb unseres eigenen Sonnensystems bezieht). Die Wahrscheinlichkeit, dass einer dieser wenigen Planeten innerhalb einer bewältigbaren Kommunikationsreichweite intelligentes Leben aufweist, ist extrem gering – insbesondere wenn man bedenkt, dass von den derzeit über 8 Mio. Tierarten, die unsere Erde in 4 Mrd. Jahren hervorgebracht hat, nur eine einzige über technologisches Wissen verfügt.

Es liegt auf der Hand, dass kleine außerirdische bakterienartige Lebensformen Schwierigkeiten dabei haben werden, unsere Funksignale zu entschlüsseln und zu beantworten. Wenn wir wirklich wissen wollen, ob wir in diesem riesigen Universum allein sind oder nicht, dann müssen wir anfangen, aktiv nach fremdem Leben zu suchen. Die Tatsache, dass unser irdisches Leben geradezu direkt nach dem Abkühlen der Erdoberfläche und der Kondensation von Wasserdampf zu flüssigem Wasser entstand, ist ein sehr kräftiges Argument für die Entstehung von Leben auch auf anderen Planeten.

Wir wissen mittlerweile, dass die organischen Moleküle, die auf unserer Erde die Chemie des Lebens bilden, im Universum bei Weitem nicht so einzigartig oder selten sind, wie wir lange dachten. Die Existenz von Leben auf der Erde ist der beste Beweis, dass das Leben im Universum eine reale Chance hat, und die Aussage, dass Leben auf der Erde existiert, ist – genau genommen – grenzenlose Tiefstapelei.

Die Erde wimmelt nur so von Leben in allen erdenklichen Formen und Farben. Sie ist ein pulsierender und summender Ort, ein fruchtbarer Nährboden für die absurdesten und unvorstellbarsten Formen des Lebens. Der Kreativität der Evolution scheinen keine Grenzen gesetzt. Jede biologische Nische und so gut wie jeder Zentimeter auf und unter der Erde ist mit Bakterien, Pilzen, Pflanzen, Insekten oder Tieren besiedelt. Es „gibt" nicht einfach nur Leben auf der Erde: Die Erde schäumt über vor sprudelndem Leben. Wenn unsere Erde so dermaßen fruchtbar ist, warum sollten dann andere erdähnliche Planeten vollkommen karg und öde sein?

## 11.2 Wie stehen die Chancen?

Es gibt zwei Möglichkeiten, was die Chancen für Leben in unserem Universum betrifft: Die erste Möglichkeit lautet, dass es eher häufig ist, da seine Entstehung sich unter den richtigen Bedingungen und in Anwesenheit der geeigneten universellen Bausteine zwangsläufig ergibt. Die zweite Möglichkeit wäre, dass es extrem selten oder sogar einzigartig ist, da seine spontane Entstehung sehr komplex und daher unwahrscheinlich ist. Im letzteren Fall muss man allerdings bedenken, dass extrem selten immer noch verdammt viel sein kann. Nämlich immer dann, wenn „extrem unwahrscheinlich" auf gewaltig viel Zeit trifft, in der der Zufall walten kann, und auch immer dann, wenn wir sehr viele Versuche – in diesem Fall Planeten – zur Verfügung haben. Um einschätzen zu können, wie wahrscheinlich Leben in unserem Universum ist, sollten wir diese beiden Parameter kennen oder zumindest grob abschätzen.

Wir wissen schon, dass das Leben im Universum verdammt viel Zeit hatte, nämlich ungefähr 13,8 Mrd. Jahre. Aber wie viele erdähnliche Planeten gibt es? Ein „erdähnlicher Planet" ist jeder Gesteinsplanet, der seine Sonne in genau dem richtigen Abstand umkreist, um moderate Oberflächentemperaturen und daher flüssiges Wasser zu erlauben. Dieser Abstand kann je nach Größe und Strahlungsintensität seiner Sonne variieren, wobei vermutlich ein größerer Abstand zu einer sehr großen und heißen Sonne günstiger ist, da es in der Nähe von Sonnen zu lebensfeindlichen Strahlungsausbrüchen kommen kann (wie wir es bei dem erdähnlichen Planten *Proxima Centauri b* vermuten).

Selbst die zurückhaltendste Interpretation von Daten des NASA-Forschungssatelliten Kepler ergab, dass alleine in unserer Milchstraße mindestens 300 Mio. erdähnliche und somit potenziell bewohnbare Planeten existieren. Diese Untersuchung wurde von einem Team aus 44 Astronomen unter Leitung des NASA-Forschers Steve Bryson 2020 im *Astronomical Journal* veröffentlicht und berücksichtigte alle erdgroßen Gesteinsplaneten die einen sonnenähnlichen Stern innerhalb der „habitablen" Zone umkreisen (Bryson et al., 2020). Das bedeutet, die Temperaturen sind gemäßigt und es könnte flüssiges Wasser existieren.

Lockert man die strenge Eingrenzung ein wenig und nimmt noch andere, weniger sonnenähnliche Sterne hinzu und auch Planeten, die in ihrer Größe etwas mehr von unserer Erde abweichen, dann werden laut Prof. Avi Loeb von der Harvard-Universität sogar ein Viertel der insgesamt 200 Mrd. Sterne unserer Galaxie von Planeten umkreist, die sowohl flüssiges Wasser als auch die Chemie des uns bekannten Lebens ermöglichen – was in etwa

50 Mrd. möglicher Welten entspräche, allein in unserer Milchstraße. Extrapoliert man diese Zahlen auf die gesamte Ausdehnung des sichtbaren Universums, kommen wir auf eine bemerkenswerte Zahl von einer Trilliarde bewohnbaren Planten – einer 1 mit 21 Nullen, also 1.000 000 000 000 000 000 000. (Loeb, 2021).

In diesen Berechnungen wurden aber immer noch viele kleinere Planeten übersehen (auf diese Schwachstelle verweist die Originalveröffentlichung der Kepler-Daten von Bryson et al. 2020 (Bryson et al., 2020)) und die zahlreichen teilweise sehr großen Gesteinsmonde der Gasriesen noch nicht einmal mitgezählt. Es spricht kein Grund dagegen, dass Leben anstatt auf einem Gesteinsplaneten nicht auch auf einem Gesteinsmond entstehen könnte, wenn die entsprechenden Bedingungen gegeben sind.

Sind wir der einzige Fall von Leben auf mehr als 1.000.000.000.000.000.000.000 erdähnlichen Planeten in 13.800.000.000 Jahren? Egal wie konservativ und kritisch wir auch rechnen, selbst wenn nur auf einem einzigen von einer Milliarde Planeten mit idealen Voraussetzungen in vielen Milliarden von Jahren Leben entstehen würde, dann würden Hunderte Milliarden belebte Welten in unserem Universum existieren. Es ist das reine Überschlagen eines Zeitraumes von mehr als zehn Milliarden Jahren und die überwältigende Menge an bewohnbaren Welten, die uns zum Innehalten in demütigem Zweifel zwingt.

## 11.3 Fermis Paradoxon

Die interessante Erkenntnis, dass extrem viele bewohnbare Planeten im Universum existieren bringt uns direkt zum nächsten Punkt: Wenn es in unserem Universum nur so vor Leben wimmelt – wo sind dann alle? Warum hören und sehen wir nichts von ihnen? Diese Fragestellung ist in der Wissenschaft als sogenanntes Fermi-Paradoxon bekannt, benannt nach dem italienischen Physiker Enrico Fermi, der diesen Gedankengang 1950 äußerte. Diese simple Fragestellung ist in der Tat das größte Rätsel auf der Suche nach außerirdischer Intelligenz und ihre Antwortmöglichkeiten haben in den letzten Jahrzehnten unzählige Bücher gefüllt (beispielsweise *Wo sind alle? – Fünfzig Lösungen für das Fermi Paradoxon* von Stephen Webb).

Die verschiedenen Erklärungsansätze reichen von sachlich über beunruhigend zu furchteinflößend – ich möchte sie aber ganz im Sinne wissenschaftlicher Unvoreingenommenheit dennoch mit einschließen. Eine naheliegende und eher beruhigende Antwort ist, dass es einfach sehr wenige intelligente Zivilisationen im Universum gibt. Vermutlich ist mikrobielles Leben sehr viel häufiger als intelligentes Leben, das zudem auch noch über Kommunikationstechnologien verfügen müsste. Das außerirdische Pendant schlauer Delfine wäre nicht ausreichend, um unsere Signale zu beantworten. Intelligente Arten und technologische Zivilisationen wären demnach selten und könnten unserer Aufmerksamkeit bisher entgangen sein, weil sie sehr weit entfernt von uns existieren und ihr Signal noch nicht bei uns angekommen ist oder weil wir es einfach noch nicht entdeckt haben.

Die beunruhigende Antwort wäre, dass fremde Zivilisationen meist nur für eine kurze Zeit auf Sendung sind, da sie sich entweder nach kurzer Zeit selbst auslöschen oder ausgelöscht werden. Womit wir zu der furchteinflößenden Antwortmöglichkeit auf das Fermi-Paradoxon kämen: weil es gefährlich ist, Signale zu senden.

Möglicherweise ist die Antwort auf das Fermi Paradoxon aber auch ganz einfach. Vielleicht suchen wir nur nicht richtig. Unser „Menschsein" hindert uns wahrscheinlich daran, auf unserer Suche objektiveren Hinweisen zu folgen. Wir sind vermutlich zu „anthropozentrisch" in der Art und

Weise, wie wir suchen. Es ist anmaßend, uns Menschen und die menschliche Intelligenz als das Maß aller Dinge zu betrachten. Das geduldige Abhorchen des Weltalls auf Radiosignale wird uns wahrscheinlich nur helfen eine sehr unwahrscheinliche und extrem seltene Form von Leben im Universum identifizieren: eine intelligente Spezies, die genauso funktioniert wie wir selbst, mit Radiowellen kommuniziert und in etwa genau unserem Entwicklungsstand entspricht.

Ein realistischerer Ansatz wäre, dass der Mensch keine besondere Stellung in unserem Universum einnimmt, sondern nur eine von vielen anderen Lebensformen ist. Diese Sichtweise, die heute die meisten Wissenschaftler vertreten, wird „kopernikanisches Prinzip" genannt – abgeleitet von dem „kopernikanischen Weltbild", das basierend auf objektiven Beobachtungsdaten die Sonne anstatt unserer Erde in den Mittelpunkt unseres Sonnensystems rückte.

Fremdes intelligentes Leben könnte sogar so fremdartig sein, dass wir seinem Denken nicht einmal folgen können. Unser eigenes Denken ist biologisch durch die Refraktärzeit unserer Nervenzellen begrenzt, die auf jede elektrische Erregung folgt und kurzzeitig verhindert, dass Nervenzellen erneut auf Reize reagieren können. Die elektrische Spannung muss erst wiederhergestellt werden, indem der Konzentrationsgradient entlang der Zellmembran wieder aufgebaut wird, bevor eine erneute Depolarisation und somit elektrische Signalweiterleitung erfolgen kann. Was aber, wenn außerirdisches Leben ganz anders funktioniert? Elektrische Computer und Quantencomputer unterliegen keinen solchen Limitierungen. Was, wenn fremdes Leben nicht mit Nervenzellen arbeitet wie wir Menschen, sondern mit der Effizienz eines Supercomputers oder einer künstlichen Intelligenz?

Der serbische Astrophysiker und Philosoph Milan Ćirković schreibt in seinem Buch *The Great Silence – the*

*Science and Philosophy of Fermi's Paradox* (Ćirković, 2018), dass im Prinzip alle wissenschaftlichen, philosophischen und künstlerischen Wahrheiten, die künstliche Intelligenz betreffen, problemlos auf die Suche nach außerirdischem intelligenten Leben übertragen werden können und umgekehrt.

Der amerikanische Physiker und Nobelpreisträger Frank Wilczek berechnet in seinem Buch *Fundamentals – die zehn Prinzipien der modernen Physik* (Wilczek, 2022), dass die auf Elektronenbewegungen basierende Taktrate und somit die Geschwindigkeit von Computern in etwa eine Milliarde Mal so hoch ist wie die unseres biologischen Denkens. Als passendes Beispiel für die mögliche Unbegrenztheit von außerirdischer Intelligenz führt Wilczek den Hardcore-Science-Fiction-Klassiker *Das Drachenei* von Robert L. Forward an, der von Beruf ebenfalls Physiker ist. (Es heißt in diesem Fall wirklich „Hardcore"-Science-Fiction, da der wissenschaftliche Gehalt dieses Werkes so intensiv ist, dass man es auch problemlos als Lehrbuch über Neutronensterne durchgehen lassen könnte.)

In Forwards Roman entdeckt ein menschliches Expeditionsteam eine fremdartige Lebensform auf einem Neutronenstern, der das „Drachenei" genannt wird. Für die Bewohner des Dracheneis, die „Cheela", vergeht die Zeit aufgrund ihrer höheren Verarbeitungsgeschwindigkeit millionenfach schneller als für das menschliche Expeditionsteam. Innerhalb eines einzigen Tages haben sich die Cheela von einem steinzeitähnlichen Zustand zu einer Hochtechnologie entwickelt. Während die Cheela anfangs noch von den Menschen lernen, kehrt sich dieser Zustand sehr bald ins Gegenteil um (Forward, 2011).

## 11.4 Wonach sollen wir suchen?

Das geduldige „Hineinhorchen" in den Weltraum könnte also aus mehreren Gründen für das bisherige Scheitern unserer Bemühungen mitverantwortlich sein. Zum einen können wir annehmen, dass mikrobielles Leben als Vorstufe für höhere Organismen im Universum sehr viel häufiger ist als intelligentes Leben. Zum anderen ist die Existenzphase von intelligenten Zivilisationen in Relation zu einfacheren Lebensformen vermutlich störungsanfälliger und damit kürzer. Und zu guter Letzt, weil fremdes intelligentes Leben sich nicht zwangsweise auf derselben Entwicklungsstufe mit uns befindet oder sogar völlig andersartig funktionieren könnte.

Die Entdeckung einer intelligenten und technologisierten Lebensform würde die Wahrscheinlichkeit für weiteres, insbesondere einfaches, mikrobielles Leben auf anderen Planeten enorm steigern. Da Mikroben wahrscheinlich den Großteil des Lebens in unserem Universum repräsentieren und über die längste Zeit hinweg existieren, wäre es vermutlich zielführender, neben Hinweisen auf intelligentes Leben, auch oder vor allem Anzeichen für mikrobielle und primitive Lebensformen zu suchen.

Jegliche aus weiter Ferne messbaren oder beobachtbaren Phänomene, die als Beweis für existierendes oder vergangenes Leben auf einem Planeten interpretiert werden können, wie beispielsweise ein hoher atmosphärischer Gehalt von Methan ($CH_4$), werden als „Biosignatur" bezeichnet. Wir wissen natürlich nicht, ob das Leben auf anderen Planeten ähnlich funktioniert wie das Leben auf der Erde. Aber um erst einmal irgendwo mit der Suche beginnen zu können, orientieren Wissenschaftler sich momentan am einzig bekannten Beispiel des Lebens – dem irdischen. Dieser Ansatz ist jedoch, ebenso wie die Annahme von flüssigem Wasser als Grundlage allen Lebens – anthropozentrisch.

Die wesentlich populäreren außerirdischen „Technosignaturen" stellen demzufolge eine Unterkategorie der Biosignaturen dar, da sie ausschließlich Hinweise auf hochentwickeltes intelligentes außerirdisches Leben liefern. Obwohl sie in Filmen und Büchern meist als Radiosignale dargestellt werden, umfasst die Kategorie der Technosignaturen in Wirklichkeit eine große Bandbreite aufschlussreicher Faktoren, wie beispielsweise künstlich hergestellte Oberflächenmaterialien, Megastrukturen (sehr große künstliche Objekte oder Bauten), außerirdische Raumschiffe, Sonden oder Satelliten und sogar Hinweise in der Atmosphärenzusammensetzung fremder Planeten.

Unsere modernsten Weltraumteleskope, wie das „James-Webb-Weltraumteleskop" und das „Atmospheric Remote-sensing Infrared Exoplanet Large Survey" (ARIEL), werden uns in den kommenden Jahren ermöglichen, die Atmosphären fremder Planeten zu untersuchen und möglicherweise Anzeichen von organischem Leben oder sogar Produkte industrieller Luftverschmutzung nachzuweisen (wie beispielsweise Tetrafluoromethan und Trichlorofluoromethan).

Auch Stickstoffdioxid ($NO_2$), das als Nebenprodukt von Verbrennungsvorgängen entsteht, werden wir dann bei ausreichend hoher Konzentrationen in der Atmosphäre von Planten nachweisen können. Es ist eine faszinierende Vorstellung, dass wir sogar künstliches Licht und Wärme auf große Entfernung von natürlichen Quellen unterscheiden können. Die Menschheit horcht den Weltraum schon viele Jahrzehnte erfolglos nach außerirdischen Radiosignalen ab – die Ära der atmosphärischen Erforschung fremder Planeten beginnt jedoch gerade erst.

Selbst wenn wir durch „Abhorchen" tatsächlich den „Sechser im Lotto" zögen und den absolut unwahrscheinlichsten Fall von außerirdischem Leben – nämlich intelligentes, außerirdisches Leben – finden würden, wäre das, was wir als „Kommunikation" bezeichnen, aufgrund der weiten Entfernungen ohnehin nicht möglich. Je weiter entfernt intelligentes außerirdisches Leben von uns existiert, desto länger bräuchte auch sein Signal, um uns zu erreichen. Das Signal einer 20.000 Lichtjahre entfernten technologischen Zivilisation würde dementsprechend auch 20.000 Jahre alt sein, wenn wir es empfangen. Unsere Antwort wäre wieder 20.000 Jahre lang dorthin unterwegs. Jegliche Form der Kommunikation würde also mindestens 40.000 Jahre in Anspruch nehmen. Ob überhaupt noch jemand da wäre, um das Signal zu empfangen, wenn es zurückkommt, stände in der Sternen.

Am Beispiel unserer Erde, die seit gerade einmal 150 Jahren eine technische Zivilisation beherbergt, lässt sich erahnen, welche Unsicherheiten eine so große Zeitspanne mit sich bringt. Es ist fraglich, ob die Menschheit die vielen Probleme, die ihre technologische Jugend und ihr Konsumstreben mit sich bringt, innerhalb der nächsten Jahrtausende in den Griff bekommt oder von Kriegen, Epidemien und Klimakatastrophen ausgelöscht wird.

Fielen die meisten außerirdischen Zivilisationen einem solchen Schicksal zum Opfer? Oder waren sie intelligent genug, um Methoden zu entwickeln, die es ihnen erlaubten, dauerhaft mit den begrenzten Ressourcen ihres Planeten zu leben und ein Alter von stabiler technologischer Reife zu erreichen? Möglicherweise kann dies nur extrem intelligenten Spezies oder auf sehr großen Planeten gelingen. Vielleicht sind aber auch andere „habitable" Planeten oder Monde in erreichbarer Nähe notwendig.

Wenn wir all unsere heutige Technik in nur 150 Jahren erschaffen haben – was könnten wir von einer außerirdischen Zivilisation lernen, die über tausend oder sogar Millionen Jahre an technologischem Fortschritt verfügt? Einige Wissenschaftler fordern seit Jahren die gezielte Suche nach solchen außerirdischen Technologien. Avi Loeb, Astronomieprofessor von der Harvard-Universität, schlägt in seinem Buch *Außerirdisch* beispielsweise vor, die Oberfläche der Planeten und Monde unseres Sonnensystem nach außerirdischen Relikten, wie zerschellten Sonden, Lichtsegeln oder sonstigen Technologien abzusuchen und einen Forschungszweig der „Weltraumarchäologie" zu begründen (Loeb, 2021). Auf der Oberfläche unbelebter, atmosphäreloser Himmelskörper sollten zerschellte außerirdische Technologien selbst nach Milliarden von Jahren noch zu finden sein.

Die meisten anderen Galaxien unseres Universums haben im Vergleich zu unserem Sonnensystem bereits ein gewaltiges Alter auf dem Buckel. Die Erde entstand vor circa 5 Mrd. Jahren, die ersten Sterne aber bildeten sich bereits 1 bis 2 Mrd. Jahre nach dem Urknall. Menschen sind in der langen Geschichte des Kosmos erst „kurz vor Schluss" entstanden. Die wenigen Hunderttausend Jahre seit den ersten menschenartigen Vorfahren entsprechen gerade mal einem Wimpernschlag. Wir können davon ausgehen, dass unzählige Zivilisationen vor uns existiert haben, die ebenso wie wir Satelliten und Sonden ins All geschickt haben.

In der kurzen Geschichte der Raumfahrt haben wir bereits solche Unmengen an Satelliten in die Erdumlaufbahn befördert, dass dieser Weltraummüll in Zukunft ein Problem darstellen wird – beispielsweise wenn es in der Umlaufbahn zu Kollisionen kommt (Loeb, 2021). Forschungssonden, wie die beiden Voyager-Sonden, fliegen noch die nächsten hundert Millionen Jahre durch den interstellaren Raum. Man benötigt nicht viel Fantasie, um sich auszumalen, welche Anzahl an Satelliten, Sonden oder Lichtsegeln intelligente außerirdische Zivilisationen produzieren würden, die nicht wie wir erst seit hundert Jahren über Technologie verfügen, sondern seit Tausenden oder gar Millionen von Jahren.

Im Moment würden außerirdische sondenartige Technologien unser Sonnensystem vollkommen unbemerkt durchfliegen (Loeb, 2021). Das ist ein unglaubliches Versäumnis, denn eines ist sicher: Die Suche nach interstellaren Objekten würde sich lohnen. Neben der heiß ersehnten Antwort auf die Frage, ob wir im Universum allein sind, könnte uns die Entdeckung einer außerirdischen Technologie einen unvorstellbaren Wissensvorsprung verschaffen. Objektiv betrachtet sind wir vermutlich die jüngsten intelligenten Lebewesen, die momentan überhaupt auf Sendung sind, denn hundert Jahre sind auf der Zeitskala des Universums so gut wie nichts. Egal, wessen Nachrichten wir empfangen würden, die Chancen stehen extrem hoch, dass diese Lebewesen viel weiter entwickelt sind als wir. Wir sind die technologischen Teenager – die erste Generation der Digital Natives.

Wer sich nun klein und unbedeutend fühlt angesichts der Möglichkeit vieler belebter Welten und unserer wohl doch nicht ganz so einzigartigen Existenz, der sollte sich an das Paradies der Moleküle erinnern. Unser irdisches Leben ist etwas überaus Besonderes und es sollte dieses Wunder nicht schmälern, dass sich die Entstehung des

**Abb. 11.1** Titan ist der einzige Mond in unserem Sonnensystem, der eine Atmosphäre besitzt. Seine dichte Atmosphäre leuchtet trüb orange und besteht hauptsächlich aus Stickstoff, Methan und vermutlich einer Vielzahl komplexer organischer Verbindungen. Oben im Bild ist erkennbar, wie Sonnenlicht von einer sehr glatten Oberfläche reflektiert wird – mit hoher Wahrscheinlichkeit einer Flüssigkeit. Der Glitzereffekt ähnelt der Reflexion von Sonnenlicht auf der Oberfläche von Seen oder Meeren. Cassini-Radar-Bilddaten von Titans Oberfläche zeigen Landmassen und Seen. Jedoch sind die Seen und Ozeane auf Titan nicht aus Wasser, sondern bestehen vermutlich aus flüssigen Kohlenwasserstoffen wie Methan oder Ethan. Das Bild ist ein Mosaik mehrerer Nah-Infrarot-Aufnahmen, die Cassini während ihres Vorbeiflugs am 21. August 2014 machte. (Quelle: NASA/JPL-Caltech/University of Arizona/University of Idaho (NASA, 2023)

Lebens möglicherweise mehrfach in unserem Universum abgespielt hat.

**Abb. 11.2** Die Titan-Sonde Huygens landete nach Abspaltung von dem Orbiter Cassini am 14. Januar 2005 auf der Oberfläche von Saturns größtem Mond Titan, um Messungen der Atmosphäre und auf der Oberfläche durchzuführen. (Quelle: ESA/NASA/JPL/University of Arizona (NASA, 2023b)

Physiker verweisen in diesem Zusammenhang gerne auf die Tatsache, dass die Existenz von außerirdischem Leben die gewagte, aber nicht auszuschließende Möglichkeit mit sich bringt, dass wir in einem von dieser intelligenten Zivilisation geschaffenen Baby-Universum leben. So, wie es der ultimative Beweis der Stringtheorie wäre, in einem Labor verschiedenartige Baby-Universen zu erschaffen, wäre es nicht allzu abwegig, dass eine möglicherweise seit Millionen von Jahren technisierte intelligente Zivilisation mit derlei Dingen experimentiert (Kaku, 2021; Loeb, 2021). Wir säßen dann in einem dieser „Versuchsuniversen" mit einem gleichermaßen handfesten, wie fremdartigen Schöpfer (Abb. 11.1 und 11.2).

## Literatur

Bryson, S., et al. (2020). The occurrence of rocky habitable-zone planets around solar-like stars from Kepler data. *The Astronomical Journal, 161*(1), 36.

Cirkovic, M. M. (2018). *The great silence: Science and philosophy of Fermi's paradox*. Oxford University Press.

Forward, R. L. (2011). *Dragon's egg: A novel*. Del Rey.

Kaku, M. (2021). *The God equation: The quest for a theory of everything*. Penguin.

Loeb, A. (2021). *Extraterrestrial: The first sign of intelligent life beyond earth*. Houghton Mifflin.

NASA. (2023a). https://photojournal.jpl.nasa.gov/catalog/PIA18432.

NASA. (2023b). https://www.jpl.nasa.gov/images/pia08118-a-view-from-huygens-jan-14-2005.

Wilczek, F. (2022). *Fundamentals: Ten keys to reality*. Penguin.

# 12

## Das Teilchenmeer

*Eine gewaltige Lichtsymphonie spielte in tiefstem, feierlichen Schweigen über unseren Häuptern, wie um unserer Wissenschaft zu spotten: kommt doch her und erforscht mich! Sagt mir, was ich bin!*

(Alfred Wegener)

In den folgenden Kapiteln geht es um die Geheimnisse des faszinierenden Universums, das uns schuf. Ein Universum mit Gesetzmäßigkeiten von solch komplexer Schönheit, dass man kein passenderes Wort als elegant finden wird. Es handelt von den großen Fragen nach dem Anfang und Ende der Raumzeit und aller Materie. Was hat es mit der geheimnisvollen dunklen Materie und Energie auf sich und warum wissen wir so wenig darüber? Wie sieht es wirklich aus, dieses scheinbar unendliche und uralte Universum? Was hat das weiße Rauschen eines senderlosen Fernsehers mit der Geburt des Universums zu tun und ist der weite leere Raum zwischen den Sternen wirklich leer?

Viele dieser Themen sind Gegenstand der aktuellen Forschung und werden heiß diskutiert. Und vermutlich werden diese Themen auch niemals abgeschlossen sein. Häufig hat in der Geschichte der Physik eine einzige Person mittels einer außergewöhnlichen Beobachtungsgabe oder Schlussfolgerung eine wissenschaftliche Revolution herbeigeführt. Wissenschaftliche Revolutionen und Paradigmenwechsel sind dabei nicht als Anzeichen für die Fehlbarkeit der wissenschaftlichen Methode zu werten, sondern sind ein unverzichtbarer Prozess für wahren Fortschritt.

Mit jeder Umwälzung und jedem Paradigmenwechsel windet sich der große schwere Verband der wissenschaftlichen Gemeinschaft auf dem mühevollen Weg zur Wahrheit einen Schritt weiter. Das ewige Revidieren und Korrigieren ist keine unliebsame Begleiterscheinung des wissenschaftlichen Arbeitens – es ist ihr zentralstes und unverzichtbarstes Element. Dieses Kapitel gibt einen kurzen Überblick über unseren heutigen Wissensstand rund um das Universum und weist mit wissenschaftlicher Ehrlichkeit auf all die spannenden Beobachtungen und Phänomene hin, für die wir bisher noch keine überzeugenden Antworten gefunden haben.

Unsere Erde ist nur ein winzig kleiner blauer Punkt in einem scheinbar endlosen Universum. Nicht einmal 5 % des Universums bestehen aus Sternen, Planeten, Gas und Staub in Form von sichtbarer Materie. Der Hauptteil des Universums besteht nach heutigem Erkenntnisstand aus unsichtbarer dunkler Materie (27 %) und dunkler Energie (68 %; Abb. 12.1). Diese Vorstellung weckt verständlicherweise in vielen Menschen ein Gefühl der Verlorenheit und Bedeutungslosigkeit. Dunkle Energie und grenzenloser kalter Raum klingen zudem kaum nach etwas, das sich um unser Seelenwohl sorgt. Ungeachtet

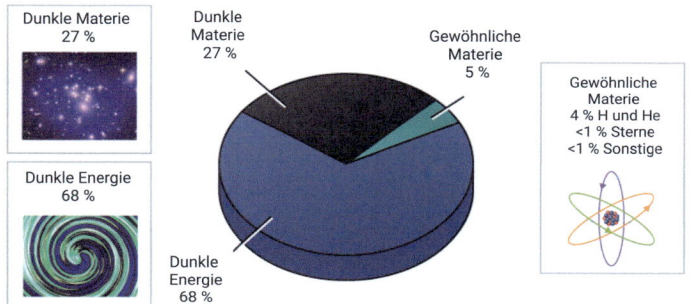

**Abb. 12.1** Zusammensetzung unseres Universums: Das Universum besteht aus 27 % dunkler Materie, 68 % dunkler Energie und 5 % gewöhnlicher sichtbarer Materie. Sichtbare Materie besteht aus Atomen, wobei Wasserstoff und Helium am häufigsten sind. Sie machen alleine 4 % der Materie in unserem Weltall aus. Alle Sterne machen zusammen nicht einmal 1 % des Universums aus. (Mit freundlicher Genehmigung von Fraknoi et al., 2016, CC BY 4.0)

seiner kühlen Leere und lebensfeindlichen Strahlung besitzt das Universum aber auch eine schöpferische Kraft, die alles uns vertraute Leben hervorbrachte. Das Universum ist nicht nur unser Zuhause, sondern wir sind im wahrsten Sinne des Wortes ein Teil von ihm.

## 12.1 Das beobachtbare Universum

Von unserer sicheren Heimat aus können wir die Weiten des Alls erforschen und versuchen seine Gesetze zu entschlüsseln. Zwar liegt nicht alles, was im Universum existiert, auch in unserer unmittelbaren Reichweite, aber wir verfügen inzwischen über geeignete Teleskope, um bis an den Rand des beobachtbaren Universums in 13,8 Mrd. Lichtjahren Entfernung zu blicken. Bei einer Lichtgeschwindigkeit von 299.792 km/s entspricht dies 9,5 Billionen Kilometern pro Jahr und somit einer in 13,8 Mrd. Jahren zurückgelegten Entfernung von ungefähr 130 Trilliarden Kilometern ($9{,}461 \times 10^{12} \times 13{,}8$ $19 \times 10^9 = 130{,}74 \times 10^{21}$). In dieser Entfernung erkennen wir die kosmische Hintergrundstrahlung (Cosmic Microwave Background oder CMB), die ein Relikt aus der Zeit kurz nach dem Urknall ist und den Beobachtungshorizont unseres Universums markiert.

Da aber Licht auch nur mit Lichtgeschwindigkeit reisen kann, stellen diese Aufnahmen in der Realität einen Blick in die ferne Vergangenheit dar. Das Licht, das uns beispielsweise aus einer 1 Mrd. Lichtjahre entfernten Galaxie erreicht, erreicht uns daher auch immer mit 1 Mrd. Jahre Verspätung. Wir wissen also gar nicht, wie es dort heute wirklich aussieht.

Je tiefer wir mit Teleskopen ins All blicken, desto weiter schauen wir in die Vergangenheit. Dies ist auch der Grund, warum unser Nachthimmel schwarz ist und nicht in weißem Licht erstrahlt, wie es in einem unendlich alten und unendlich großen Universum der Fall wäre. Wir sehen nicht an jeder Stelle des Nachthimmels einen Stern, da unser Universum nicht unendlich alt ist. Die Dunkelheit, die wir zwischen den Sternen sehen, ist die Dunkelheit aus der Zeit des Urknalls – nicht unendlich weit entfernter, sternenleerer Raum.

Da sich das Universum seit dem Urknall immer weiter ausdehnt, sind auch die Galaxien heute längst nicht mehr dort, wo wir sie sehen. Sie haben sich in der Zwischenzeit, seit das Licht zu uns unterwegs ist, noch weiter von uns fortbewegt. Als sie vor 1 Mrd. Jahren das Licht aussendeten, das wir heute empfangen, waren sie nur einige Millionen anstatt 1 Mrd. Lichtjahre von uns entfernt. Wie es heute tatsächlich in den Tiefen des Universums aussieht, können wir von der Erde aus also erst in einer ebenso weit entfernten Zukunft sehen. Gleichzeitig bedeutet das aber auch, dass unser Universum heute viel größer sein muss, als sein Radius von 13,8 Mrd. Lichtjahren nahelegt. Wissenschaftler haben berechnet, dass der tatsächliche Radius unseres Universums und damit die Entfernung zum Beobachtungshorizont inzwischen bei ungefähr 46,6 Mrd. Lichtjahren liegen müsste.

Was wir also eigentlich sehen, wenn wir an den Rand des Weltalls blicken, ist das Alter des Universums, nicht dessen eigentliche Größe. Der erstaunlich große Wert von über 46 Mrd. Lichtjahren zeigt, dass Wissenschaftler in ihren Berechnungen davon ausgegangen sind, dass das Universum zumindest phasenweise mit Überlichtgeschwindigkeit expandiert ist. Obwohl es das zentrale Postulat von Albert Einsteins spezieller Relativitätstheorie ist, dass sich im Vakuum nichts schneller ausbreiten kann als Licht, widerspricht diese Beobachtung nicht seiner Theorie. Der Raum selbst hat sich mit Überlichtgeschwindigkeit ausdehnt, nicht die Objekte in ihm.

## 12.2 Das expandierende Universum

Vor ungefähr 13,8 Mrd. Jahren in der Vergangenheit kam es zu einem unerklärbaren „singulären" Ereignis, das als Geburtsstunde aller Strahlung, Materie und der Raumzeit gilt. Seit diesem Augenblick expandiert unser Universum aus einem einzigen Punkt mit unendlich hoher Dichte heraus – das heißt, es dehnt sich immer weiter aus. Dieser Zeitpunkt wird in der Wissenschaft und im Volksmund „Urknall" genannt und hat vermutlich nicht den geringsten „Knall" gemacht, da sich Schallwellen im luftleeren Raum nicht ausbreiten können.

Unsere Erkenntnisse über den Urknall und die Ausdehnung unseres Universums verdanken wir in erster Linie dem physikalischen Phänomen der „Rotverschiebung".

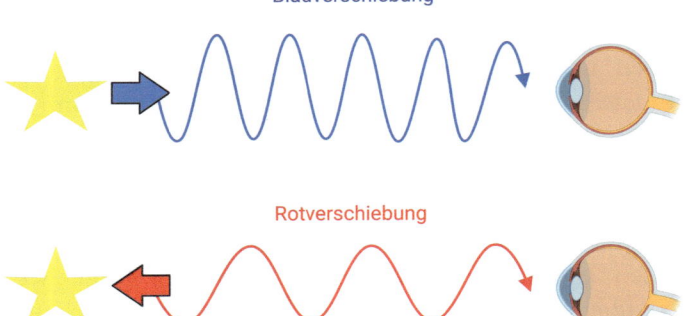

**Abb. 12.2** Kosmologische Rotverschiebung: Lichtquellen die sich im astronomischen Größenbereich von uns wegbewegen, nehmen wir als „rotverschoben" wahr. Je weiter ein Stern oder eine Galaxie von uns entfernt ist, desto stärker wurde die Wellenlänge des Lichts auf seinem Weg zu uns „gestreckt". (Die Abbildung wurde erstellt mit BioRender.com (2023))

Bei der Rotverschiebung handelt es sich um eine Form des „Doppler-Effekts", dessen Parade- oder „Schulbuchbeispiel" der heranrasende Zug ist, der bei Annäherung an einen am Bahnübergang wartenden Beobachter deutlich lauter und länger zu hören ist, als während er sich wieder vom Betrachter entfernt. Schall macht sich in Form von Druckschwankungen der Luft (oder einem anderen Medium) bemerkbar und breitet sich von seiner Quelle ausgehend gleichförmig in alle Richtungen aus. Daher werden die Schallwellen in Fahrtrichtung eines bewegten Objektes, wie beispielsweise eines Zuges, verdichtet.

Anders als beim Schall, spricht man bei Licht nicht von einem Doppler-Effekt, sondern von der sogenannten Blauverschiebung beziehungsweise Rotverschiebung (Abb. 12.2). Bewegt sich eine helle Lichtquelle, beispielsweise ein Stern, im astronomischen Größenbereich von uns weg, lässt sich eine Rotverschiebung des Frequenzspektrums des Lichts beobachten. Das bedeutet, die

Wellenlänge des Lichts wird größer oder das Licht wird „langwelliger". Nach der heute gängigen Theorie der Expansion des Universums ist die kosmologische Rotverschiebung allerdings kein wirklicher Doppler-Effekt im physikalischen Sinne, da sich nicht die Sterne und Galaxien auseinanderbewegen („Galaxienflucht"), sondern der gesamte Raum sich ausdehnt. Die Galaxien „fliehen" also im Weltall nicht immer weiter auseinander, sondern die Abstände beziehungsweise der Raum zwischen den Galaxien wächst mit der Zeit. Diese Raumausdehnung bewirkt eine Streckung der Wellenlänge des Lichts.

Edwin Hubble, nach dem das berühmte Weltraumteleskop Hubble benannt ist, errechnete bereits 1928 in einer wegweisenden Veröffentlichung anhand der Dopplerverschiebung der Spektrallinien, dass die Geschwindigkeit, mit der sich andere Galaxien von uns fortbewegen, umso größer wird, je weiter diese von uns entfernt sind (Bührke, 2015). Die Expansion des Universums verlangsamt sich also nicht, sondern wird paradoxerweise immer schneller. Materie und Energie sollten eigentlich durch Gravitation einer Expansion des Universums entgegenwirken und diese zunehmend verlangsamen. Was wir beobachten ist jedoch keine verlangsamte, sondern eine beschleunigte Expansion. Wir brauchen daher noch einen anderen unbekannten Faktor, um diese Beobachtungen zu erklären.

Das Problem wurde durch das Konzept der „dunklen Energie" gelöst, die als kosmologische Konstante namens *Lambda* ($\lambda$) in die Feldgleichungen der Relativitätstheorie einfließt und eine hohe Übereinstimmung mit dem beobachteten Verhalten unseres Universums ermöglicht. Albert Einstein hatte diese kosmologische Konstante selbst vor über hundert Jahren in seiner allgemeinen Relativitätstheorie eingeführt, sie jedoch nach Hubbles Entdeckung schnell wieder verworfen. Er hielt diese gleichbleibende

Zahl nicht vereinbar mit der neuen Vorstellung eines expandierenden Universum, strich sie aus seinen Gleichungen und nannte sie später seinen dümmsten Fehler („biggest blunder") (Bührke, 2015).

Hier irrte er sich jedoch gewaltig. Im Jahr 1998 verdichteten sich zunehmend die Hinweise auf die Existenz einer dunklen Energie, die als eine Art „Expansionskraft" der gravitativen Anziehung entgegenwirkt. Und entgegen Albert Einsteins Vermutung konnte eine kosmologische Konstante genau dieses Expansionsverhalten des Universums vortrefflich beschreiben. Seine kosmologische Konstante erlebte ein bis heute andauerndes Revival.

Auch wenn wir uns das Universum meist kugelförmig vorstellen, sehen Wissenschaftler das entzwischen ganz anders. Diskutiert werden alle möglichen Formen von der Sattelform, zur Ellipse oder Hyperbel – beziehungsweise Trompetenform. Nach dem aktuellen Standardmodell, dem „Lambda-CDM-Standardmodell" (wobei CDM für Cold Dark Matter steht und Lambda für die dunkle Energie in Form der kosmologischen Konstante), ist das Universum „ungekrümmt" – also flach (Joyce, Jain et al., 2015). Unsere zuverlässigsten und besten empirischen Daten verpassen dem Universum die absonderlichste und unwahrscheinlichste Form, die wir uns hätten vorstellen können.

Das Universum sieht also nach unserem gegenwärtigen Wissensstand ganz anders aus, als die unendlich große, kugelrunde Blase, deren Bild sich unbeirrt von der aktuellen Datenlage in der gesellschaftlichen Wahrnehmung hält. Es würde das Vertrauen in die Wissenschaft mit Sicherheit stärken, wenn Physiker die Öffentlichkeit mehr in ihre Suche nach der Wahrheit über unser Universum einbeziehen würden. Die großen ungelösten Fragen der Menschheit zu formulieren und zu beantworten, sollte ein Gemeinschaftsprojekt unserer

Zivilisation sein. Junge Menschen wären leichter für Physik zu begeistern, wenn wir öfter auf die Grenzen unserer heutigen Theorien und Untersuchungsmöglichkeiten hinweisen würden, anstatt fortwährend dieselben unfertigen oder überholten Theorien als Ergebnisse eines quasi abgeschlossenen Forschungsgebietes zu präsentieren.

Die Tatsache, dass wir im wahrsten Sinne des Wortes Lichtjahre davon entfernt sind nachzuweisen, wie das Universum in Wirklichkeit aussieht und woraus es besteht, beflügelt zu mehr visionärem Denken und wissenschaftlichen Tatendrang als unbefriedigende und voreingenommene Weltanschauungen.

## Literatur

Bührke, T. (2015). *Einsteins Jahrhundertwerk: Die Geschichte einer Formel*. dtv.

Fraknoi, A., et al. (2016). *Astronomy (the textbook)*. Open-Stax.

Joyce, A., et al. (2015). Beyond the cosmological standard model. *Physics Reports, 568,* 1–98.

# 13

# Das geheime Leben des Vakuums

*Das Schönste, was wir erleben können, ist das Geheimnisvolle. Es ist das Grundgefühl, das an der Wiege von wahrer Kunst und Wissenschaft steht.*

*(Albert Einstein)*

Obwohl wir die dunkle Energie und damit den Hauptbestandteil unseres Universums bisher nicht direkt untersuchen können, ist ihre Existenz dennoch indirekt durch Daten von entfernten Supernova-Explosionen, die Galaxienverteilung im Universum und Gravitationslinseneffekte umfangreich bestätigt (Bührke, 2015). Viele Physiker gehen davon aus, dass die dunkle Energie einer Art „Vakuumsenergie" des Universums entspricht, wonach im Vakuum fortwährend für winzige Sekundenbruchteile kleinste Teilchenpaare entstehen und sofort wieder zerfallen.

In unserer allgemeinen Vorstellung ist das Vakuum ein Raum gefüllt mit nichts anderem als dem „Nichts". In der Naturwissenschaft definiert das Vakuum den –

mit Ausnahme von geringen Mengen an Wasserstoffgas – weitestgehend luftleeren Raum des Weltalls, der den Hauptbestandteil unseres Universums ausmacht. Die Frage, ob ein absolut leerer Raum überhaupt existieren kann, weiß auch die Physik bis heute nicht zu beantworten – denn auch in einem vollkommen materiefreien Raum kann elektromagnetische Strahlung existieren (beispielsweise als Licht oder Weltraumstrahlung) und können physikalische Felder wirken (beispielsweise ein Magnetfeld).

## 13.1 Dunkle Energie

Die Möglichkeit eines absolut leeren Raums entspricht also vermutlich nicht der Realität oder besser gesagt: den Gesetzen der Quantenphysik. Da Energie und Materie einander gleichwertig sind ($E = mc^2$), können im Vakuum fortwährend Teilchenpaare gebildet werden. Die Energie für ihre Entstehung borgen sie sich kurzzeitig aus der „Vakuumsenergie", nur um sich anschließend sofort wieder gegenseitig auszulöschen, wobei sie ihre Energie an das Vakuum zurückgeben. Da diese Reaktion fortwährend im gesamten Vakuum stattfindet, kann man sich das Vakuum auf quantenphysikalischer Ebene als ein brodelndes Teilchenmeer vorstellen, dessen Gesamtenergie aufgrund der allgegenwärtigen Erschaffung und Auslöschung von Teilchenpaaren, die auch Quantenfluktuationen genannt werden, immer leicht von Null abweicht.

In der Quantenphysik wird die Vakuumsenergie mit dem Higgs-Feld beschrieben und auch „Higgs-Feld-Vakuum" genannt. Die meisten Quantenfluktuationen sind nur von extrem kurzer Dauer und die gebildeten Teilchenpaare werden daher auch „virtuelle" Teilchen genannt. Gelegentlich kommt es jedoch zu stärkeren Fluktuationen, die in Form von „realen" Higgs-Bosonen kurzzeitig in Erscheinung treten (Pauldrach, 2015). Der experimentelle Nachweis des Higgs-Bosons gelang erstmals 2012 mit dem Large Hadron Collider am CERN in der Nähe von Genf (CERN, 2023).

Alle subatomaren Teilchen, wie beispielsweise Elektronen, erhalten ihre Masse erst durch Wechselwirkung mit dem allgegenwärtigen Higgs-Feld. Für die theoretischen Grundlagen, die zur Entdeckung des Higgs-Teilchens führten und zu unserem Verständnis für die Entstehung von Masse beitrugen, erhielten Francois Englert und Peter W. Higgs 2013 den Nobelpreis für Physik (Nobelprize.org, 2023).

Die astronomischen Beobachtungen des WMAP-Satelliten und andere Experimente liefern einen Wert für die Massendichte des Vakuums, die mit nur $7 \times 10^{-27}$ kg/m$^3$ sehr nahe bei Null liegt. Quantenphysiker haben hingegen einen theoretischen Wert für die Massendichte des Vakuums von $10^{96}$ kg/m$^3$ berechnet. Mit ganzen 123 Zehnerpotenzen Unterschied lagen Beobachtung und Theorie wohl in der gesamten Geschichte der Physik noch nie so weit auseinander (UCR, 2023). Der aus der Beobachtung kosmologischer Phänomene gewonnene kleinere Wert scheint jedoch zu stimmen. Denn wenn nicht, wäre dies nur mit einer fehlerhaften allgemeinen Relativitätstheorie zu erklären. Da die allgemeine Relativitätstheorie seit über hundert Jahren jedoch allen Untersuchungen und physikalischen Phänomenen mit einer erstaunlichen Messgenauigkeit standgehalten hat, ist dies extrem unwahrscheinlich. Quantenphysik und Relativitätstheorie passen einfach (noch) nicht zusammen.

Das Vakuum ist also nicht leer, sondern ein brodelndes Teilchenmeer mit einer Energiedichte (und damit auch einer Massendichte), deren Wert nur ganz gering über

Null liegt. Aufgrund des überragenden Anteils, den das Vakuum an der Zusammensetzung des Universums trägt, kommt durch diese Vakuumsenergie dennoch ein beachtlicher Wert zusammen, der in der Lage ist, das Expansionsverhalten unseres Universums zu erklären.

Aber auch wenn die dunkle Energie in Form einer Vakuumsenergie die beschleunigte Expansion unseres Universums sehr zutreffend beschreibt, hat auch dieser Erklärungsansatz noch ein augenfälliges Problem. Nur die Abfolge einer anfänglichen kurzen Phase der extrem schnellen Ausdehnung (Inflation), gefolgt von einer zuerst verlangsamten und dann wieder beschleunigten Expansion, kann unsere Beobachtungen über die gleichmäßige und flache Form des Universums in Einklang bringen. Ob dieses eigenartige Verhalten unseres Universums mit einem konstanten (also immer gleichbleibenden) Wert der dunklen Energie vereinbar ist, bleibt weiterhin fragwürdig.

## 13.2 Dunkle Materie

Es ist eine interessante Vorstellung, dass wir nur 5 % der Materie und Energie in unserem Universum verstehen. Über die dunkle Materie wissen wir sogar noch weniger als über die dunkle Energie. Der Schweizer Physiker Fritz Zwicky untersuchte bereits in den 1930er Jahren die Geschwindigkeiten von Galaxien im sogenannten Coma-Haufen und kam zu dem eindeutigen Ergebnis, dass die in den Galaxien vorhandene Materie ungefähr 400-mal größer sein müsste, als es der Wert der sichtbaren Materie ergibt. Wenn nur die sichtbare Materie existiert, würde deren Gravitationswirkung unmöglich ausreichen, um ein „Auseinanderschleudern" der Galaxien bei diesen hohen Geschwindigkeiten zu verhindern.

Obwohl Zwicky heute als Entdecker der dunklen Materie gilt, musste er nach seiner Entdeckung viele Jahrzehnte warten, bis die wissenschaftliche Gemeinschaft seine Beobachtungen durch wiederholte Bestätigung mit moderner Technik anerkannte (Pauldrach, 2015). Inzwischen ist die Existenz der dunklen Materie, ebenso wie die der dunklen Energie, indirekt aber umfassend bestätigt. Ein sicheres Indiz ist ihre starke Gravitationswirkung auf andere astronomische Objekte in ansonsten völlig „dunklen" Bereichen des Universums. Aber auch Gravitationslinseneffekte, wie man die beobachtbare Ablenkung von Lichtstrahlen in der Nähe von sehr massereichen Objekten durch die Krümmung der Raumzeit bezeichnet, sind in vielen Regionen des Universums nur durch dunkle Materie erklärbar.

Sonderbarerweise unterscheidet sich die dunkle Materie fundamental von jeder Art Materie, die wir kennen. Unsere vertraute Materie besteht aus Atomen und deren subatomaren Bausteinen. Und diese Atome sind sichtbar, denn sie senden immer dann Photonen aus, wenn ihre Elektronen, die den Atomkern auf festgelegten Energieniveaus umschwirren, von einem höheren auf ein niedrigeres Energieniveau wechseln. Diese Energiewechsel innerhalb eines Atoms sind die wissenschaftliche Grundlage für die umgangssprachlich bekannten „Quantensprünge", die wir dank der ausgesandten Lichtfrequenzen nachweisen können. Auf diese Weise generieren alle Atome und chemischen Verbindungen ein einzigartiges und charakteristisches Emissionsspektrum.

Die Fähigkeit, Photonen auszusenden, macht unsere vertraute „atomare" Materie im Universum sichtbar und ermöglicht die beeindruckenden Aufnahmen von Weltraumteleskopen wie Hubble. Die Auswertung von Emissionsspektren kann uns sehr wertvolle Informationen über die Zusammensetzung von Sternen und die

Atmosphäre von fremden Planeten liefern, selbst wenn diese Milliarden von Lichtjahren entfernt sind.

Damit sind Emissionsspektren so etwas wie der unanfechtbare Fingerabdruck chemischer Elemente und Verbindungen in unserem Universum. Dank ihnen wissen wir, dass die circa hundert verschiedenen Atome, die auf der Erde vorkommen und im Periodensystem der Elemente katalogisiert sind, auch in den entferntesten Regionen des Universums existieren. Sie sind die Bausteine der Materie und des Lebens auf der Erde und möglicherweise in ähnlicher oder anderer Zusammensetzung auch auf fremden Planeten.

Im Universum ist der Anteil der uns vertrauten und sichtbaren „hellen" Materie im Vergleich zur unsichtbaren „dunklen" Materie jedoch sehr gering. Wir wissen von der dunklen Materie lediglich, dass sie im scheinbar leeren Raum des Weltalls existiert und mit der sichtbaren Materie über Gravitation in Wechselwirkung steht. Aus der Beobachtung, dass sie „dunkel" ist, können wir aber schließen, dass sie nicht aus den uns vertrauten Atomen besteht.

Zwar gibt es inzwischen eine ganze Reihe von denkbaren Kandidaten und Erklärungen für die Herkunft der dunklen Materie, jedoch ist keine dieser Hypothesen bisher vollends überzeugend. Es ist möglich, dass im Universum noch weitere unbekannte Teilchenarten existieren, wie beispielsweise die hypothetischen Neutralinos, die Bestandteil des theoretischen Ansatzes der Supersymmetrie sind, aber bisher in keinem einzigen Versuch experimentell nachgewiesen werden konnten.

Manche Physiker halten es daher für plausibler, dass ein bisher unentdeckter Überschuss an bekannter Materie in Form von Elementarteilchen uns etwas über die dunkle Materie verrät. Anlass zu dieser Hypothese gaben die Daten eines hoch empfindlichen Messgerätes, das außerhalb der Internationalen Raumstation (ISS) über Jahre hinweg einen verblüffenden und unerklärbaren Überschuss an Positronen-Kollisionen dokumentierte, der durch kein bis dahin bekanntes Phänomen erklärbar war (Adriani et al., 2013; Collaboration et al. 2013, 2019). Positronen sind die „Antiteilchen" der Elektronen, das bedeutet: Positronen und Elektronen löschen sich in einem als „Paarvernichtung" oder „Annihilation" bezeichneten Vorgang gegenseitig aus. Nach der Entdeckung dieses unerklärbaren Überschusses an Positronen wurde eine Paarvernichtung kollidierender dunkler Materieteilchen als mögliche Erklärung in Betracht gezogen. In den darauffolgenden Jahren folgte eine Reihe von weiteren Erklärungen für diesen Positronen-Überschuss, wie beispielsweise Pulsare (Gammastrahlen-Halos und Pulsarwinde), jedoch wiesen auch diese Erklärungsversuche Schwachstellen auf (Abeysekara, Albert et al. 2017; Di Mauro & Winkler, 2021).

Was nach absonderlicher Weltraumphysik klingen mag, ist hier auf Erden alles andere als fremd, auch wenn ihre mögliche Verbindung mit dunkler Materie Positronen eher exotisch erscheinen lässt. Während die Positronen-Entstehung durch die Kollision dunkler Materieteilchen bisher nur spekuliert wird, ist ihre Entstehung während des Zerfalls radioaktiver Atome schon länger bekannt. Positronen sind die Quelle einer besonders gut lokalisierbaren Strahlung, die in der Positronen-Emissions-Tomographie (PET) in Krankenhäusern und Radiologiepraxen genutzt wird. Wenn Positronen mit Elektronen im Gewebe kollidieren, löschen sich diese Teilchen gegenseitig aus (Positronen-Elektronen-Annihilation) und es entsteht ein Paar sogenannter Gammaquanten. Diese Quanten fliegen stets in genau entgegengesetzter Richtung davon und ermöglichen dadurch eine sehr exakte Lokalisation ihrer Quelle.

In der Medizin dienen meist biologische Moleküle als Positronen-Quelle, an die zuvor ein radioaktives Atom gekoppelt wurde. Diese Verbindungen werden „Tracer" genannt (von „trace" englisch für „verfolgen") und kommen besonders häufig als radioaktiv-gekoppelte Glucose zum Einsatz (2-Fluor-2-desoxy-D-glucose, kurz FDG-18), die vermehrt in Gewebe mit einem hohen Zuckerbedarf eingeschleust wird, wie ihn beispielsweise Tumore, Metastasen oder auch das Gehirn haben. Das radioaktive Fluor-Atom hat eine relativ kurze Halbwertszeit von nur 110 min und zerfällt binnen weniger Stunden zu Sauerstoff ($^{18}O$). In Kombination mit Computer- oder Kernspintomographen ermöglicht die PET eine hochauflösende Darstellung von Tumoren und Metastasen im Millimeterbereich und ist daher extrem wertvoll für die frühzeitige Erkennung von Krebserkrankungen und die Beobachtung von Behandlungserfolgen und Rückfällen.

## 13.3 Dem Unsichtbaren vertrauen

Man könnte meinen, dass wir die Informationen, die wir bis heute über die unermesslichen Weiten des Alls gesammelt haben, hauptsächlich unserem technologischen Fortschritt zu verdanken haben. In vielen Fällen aber wurde die Grundlage revolutionärer wissenschaftlicher Erkenntnisse ohne jegliche Form von Technologie geschaffen. Albert Einstein arbeitete hauptsächlich mit Gedankenexperimenten, einem Bleistift und Papier.

Ein besonders anschauliches Beispiel ist die Berechnung des Erdumfangs durch den griechischen Gelehrten Eratosthenes im 3. Jahrhundert vor Christus. Er berechnete nicht nur mit beeindruckender Genauigkeit den Umfang der Erde, sondern bewies auch ganz nebenbei, dass es sich dabei in der Tat um eine Kugel und keine Scheibe handelt.

Was er dazu brauchte? Nichts weiter als einen Stab und mathematische Grundkenntnisse. So wird es häufig überliefert. In Wahrheit brauchte er dafür zweifellos mehr – nämlich zwei Stäbe. Als Verwalter der Bibliothek von Alexandria, die zur damaligen Zeit die weltweit größte Sammlung von Wissen enthielt, stieß er in einem Buch auf eine interessante Anmerkung. Er las, dass ein Stock, den man mittags am Tag der Sommersonnenwende in die Erde steckt in der Stadt Syene (heutiges Assuan) keinen Schatten wirft. Diese Beobachtung fand Eratosthenes interessant und er fragte sich, ob dies im circa 800 km entfernten Alexandria ebenfalls der Fall war (Sagan, Tyson et al., 2011).

Bei der nächsten Sommersonnenwende machte er den Test. In Alexandria und Syene beobachtete er zeitgleich den Schattenwurf der Stäbe zur Mittagsstunde. Und während in Syene die Sonne am Mittag im direkten Zenit tatsächlich keinen Schatten warf, war im 800 km entfernten Alexandria ein Schatten zu sehen – mit einem Winkel von 7,2 Grad. Eratosthenes wusste, dass die Strahlen der Sonne aufgrund der großen Entfernung von Sonne und Erde immer parallel auf die Erde fallen. Und da er gute Mathematikkenntnisse besaß, wusste er auch, dass bei geschnittenen Parallelen die einander entsprechenden Winkel an den Schnittstellen immer gleich groß sind. Dementsprechend musste auch der Winkel, der sich zwischen zwei Geraden ergibt, die vom Erdmittelpunkt aus zu den Städten Syene und Alexandria gezogen werden, 7,2 Grad betragen (Abb. 13.1).

Da 7,2° ein Fünfzigstel von 360° sind, musste die 800 km lange Entfernung der beiden Städte exakt einem Fünfzigstel des Erdumfangs entsprechen, womit er auf einen Betrag von 40.000 km kam. Der exakte Erdumfang am Äquator, den wir inzwischen vom Weltraum aus mit Satelliten messen können, entspricht 40.075 km. Vor

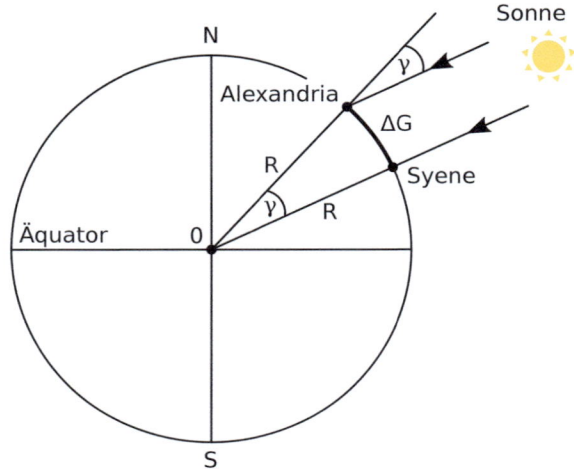

**Abb. 13.1** Berechnung des Erdumfangs nach Eratosthenes (240 v. Chr.): Die Strahlen der Sonne bilden Parallelen; mithilfe des Strahlensatzes kann anhand des Schattenwurfs in Alexandria der Winkel (γ) zwischen den zwei Geraden vom Erdmittelpunkt aus zu den Städten Alexandria und Syene hergeleitet werden. R: Erdradius, G: Strecke von Alexandria nach Syene, N: Norden und S: Süden. (Quelle: Wikimedia commons, public domain)

mehr als 2000 Jahren und ohne Raketen, Computer oder Satelliten war es also bereits möglich, die Kugelform der Erde festzustellen und ihren Umfang auf 75 km genau zu bestimmen. Vorausgesetzt man war gebildet und unvoreingenommen.

In vielen Fällen geht großen wissenschaftlichen Revolutionen eine reine Gedankenleistung von erstaunlicher Klarheit voraus. Diese Klarheit verlangt eine ausgeprägte Beobachtungsgabe und außergewöhnliche Offenheit für mögliche Erklärungen. Um möglichst schnell zur „Wahrheit" zu gelangen, sollten sich Wissenschaftler beim Austesten möglicher Erklärungsansätze von der Nachweisbarkeit ihrer Hypothesen leiten lassen und nicht von deren möglicher Unwiderlegbarkeit. Wer in konsequenter Weise diesen Prinzipien und damit der wissenschaftlichen Methode folgt, kann auch mit einfachsten Mitteln große wissenschaftliche Leistungen erbringen.

Wenn man als einzigen Beweis für die Kugelform der Erde allerdings ein Foto aus der Erdumlaufbahn oder dem Weltall akzeptiert, so musste man sich noch bis zur Entwicklung der Raumfahrt gedulden und weitere 2000 Jahre ins Land gehen lassen, um sich von seinen überholten Anschauungen zu lösen. Ebenso verhält es sich heute mit der dunklen Materie und der dunklen Energie, deren Existenz wir bisher nur indirekt, aber dennoch sehr überzeugend nachweisen können.

Wie schnell der Wert einer revolutionären Erkenntnis von der wissenschaftlichen Gemeinschaft und der Gesellschaft anerkannt wird, hängt also neben den verfügbaren technologischen Mitteln, die schlussendlich den direkten Nachweis ermöglichen, auch von der geistigen Flexibilität und Offenheit einer Generation ab. Der größte Nutzen unseres technologischen Fortschritts besteht demnach darin, die Theorien zu prüfen und zu testen, die auf der Grundlage von unvoreingenommener Beobachtungsgabe erstellt wurden. Teure große Geräte alleine werden uns nicht die großen Fragen der Menschheit beantworten. Der Schlüssel zu den Antworten liegt allein in der wissenschaftlichen Denkweise verankert.

## Literatur

Abeysekara, A., et al. (2017). Extended gamma-ray sources around pulsars constrain the origin of the positron flux at Earth. *Science, 358*(6365), 911–914.

Adriani, O., et al. (2013). Cosmic-ray positron energy spectrum measured by PAMELA. *Physical Review Letters, 111*(8), 081102.

Bührke, T. (2015). *Einsteins Jahrhundertwerk: Die Geschichte einer Formel.* dtv.

CERN. (2023). https://home.web.cern.ch/news/press-release/cern/new-results-indicate-particle-discovered-cern-higgs-boson.

Collaboration, A. M. S., et al. (2013). First result from the alpha magnetic spectrometer on the international space station: Precision measurement of the positron fraction in primary cosmic rays of 0.5–350 GeV. *Physical Review Letters, 110*(14), 141102.

Collaboration, A. M. S., et al. (2019). Towards understanding the origin of cosmic-ray positrons. *Physical Review Letters, 122*(4), 041102.

Di Mauro, M., & Winkler, M. W. (2021). Multimessenger constraints on the dark matter interpretation of the F e r m i-LAT Galactic Center excess. *Physical Review D, 103*(12), 123005.

Nobelprize.org. (2023). https://www.nobelprize.org/prizes/physics/2013/summary/.

Pauldrach, A. W. (2015). *Das Dunkle Universum.* Springer.

Sagan, C., et al. (2011). *Cosmos.* Random House Publishing Group.

UCR. (2023). https://math.ucr.edu/home/baez/vacuum.html.

# 14

# Es wurde Licht

> *Es war die Möglichkeit der Dunkelheit,*
> *die den Tag so hell erscheinen ließ.*
>
> *(Stephen King)*

Was wir Licht nennen, ist nur ein kleiner Bereich eines gewaltig großen elektromagnetischen Spektrums. Die über 120 Mio. Stäbchen und Zapfen, die unsere menschliche Netzhaut besetzen, können nur Licht mit Wellenlängen im Bereich von 390 nm (blau) bis ungefähr 700 nm (rot) wahrnehmen. Dennoch gehört das sichtbare Licht ebenso zur elektromagnetischen Strahlung wie Radiowellen, Mikrowellen, Infrarotwellen, UV-Strahlung, Röntgenstrahlen oder Gamma-Strahlung (Abb. 14.1).

Abgesehen von der Tatsache, dass unser menschliches Auge kein besonderes Faible für diese anderen Strahlungstypen hat, unterscheiden sie sich jedoch nur anhand ihrer Wellenlänge und Frequenz von dem uns bekannten Licht. Man kann sich Radiowellen auch einfach als eine Form

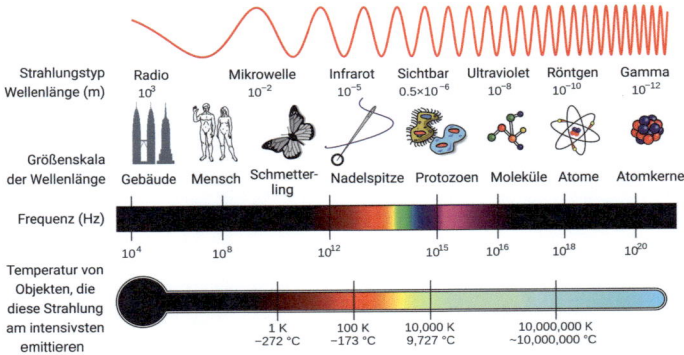

**Abb. 14.1** Elektromagnetisches Spektrum mit Wellenlängen, Frequenzen, Größenskala und Temperatur der entsprechenden Schwarzkörperstrahlung. (Quelle: übersetzt aus ‚EM_Spectrum_Properties_edit.svg' von Wikimedia commons, 2023, CC-BY-SA 3.0, (EM_Spectrum, 2023))

von sehr langwelligem Licht vorstellen oder Röntgenstrahlung als extrem kurzwelliges und hochenergetisches Licht. So wie unser sichtbares Licht liefern uns auch alle anderen Wellenlängen und Frequenzen des elektromagnetischen Spektrums wertvolle Informationen über die Zusammensetzung unseres Universums. Sie erlauben uns chemische und physikalische Vorgänge in diesem Universum zu beobachten, die unseren menschlichen Sinnen ansonsten für immer verborgen blieben.

Da fast alle Wellenlängen und Frequenzen außerhalb eines kurzen streng definierten Bereichs für unser menschliches Auge unsichtbar sind, benötigen wir die Hilfe moderner Radioteleskope, um sie sichtbar zu machen und an die wertvollen Informationen zu gelangen, die das Universum vor uns verborgen hält. In diesem Sinne dienen uns Teleskope als künstliche Erweiterung unserer begrenzten Sinne.

Immer modernere Teleskope versuchen selbst die längsten Wellen einzufangen und dringen damit auch in die Anfangsphase unseres Universum vor. Aufgrund der kosmologischen Rotverschiebung durch die Expansion unseres Universums ist nämlich die längste Strahlung meist auch die älteste. Dank moderner Satelliten und Raumsonden, wie der Wilkinson Microwave Anisotropy Probe (WMAP) und der europäischen Raumsonde Planck, können wir inzwischen bis an die Grenze des beobachtbaren Universums vor 13,5 Mrd. Jahren blicken. Aus dieser Zeit stammt die erste langwellige elektromagnetische Strahlung.

## 14.1 Die Geburt des Lichts

Kurz nach dem Urknall kam es zu einer extrem schnellen exponentiellen Ausdehnung des Universums, die als „Inflation" bezeichnet wird. Bereits eine Milliardstel Sekunde nach dem Urknall waren sämtliche bekannten Elementarteilchen vorhanden. Innerhalb von nur 0,0000000001 s hatte das Universum einen Radius von 300 Mio. Kilometern und bestand aus einem heißen Quark-Gluonen-Plasma. Dabei sind Quarks die Teilchen aus denen Protonen und Neutronen bestehen (die gemeinsam den Atomkern bilden) und Gluonen die Klebeteilchen, die Protonen und Neutronen im Atomkern zusammenhalten (ihr Name stammt von dem englischen Wort „glue" für Klebstoff ab).

Nach 0,00001 s war das Universum so weit abgekühlt, dass sich die Quarks zu Protonen und Neutronen verbinden konnten, und 0,01 s nach dem Urknall verbanden sich Protonen und Neutronen zu Atomkernen. Danach dauerte es ungefähr 300.000 Jahre, bis die weitere Auskühlung des Universums es zuließ, dass sich Elektronen an die Atomkerne binden konnten und erste Wasserstoff- und Helium-Atome entstanden (Sahoo & Nayak, 2022; Teilchenphysik, 2023).

In Atomen umschwirren die negativ geladenen Elektronen den positiv geladenen Atomkern auf bestimmten festgelegten Schalen, den sogenannten Energieniveaus. Wasserstoffatome besitzen als erstes Element im Periodensystem im neutralen Zustand nur ein einziges Elektron, das zwischen einem Grundzustand und einem energetisch höheren angeregten Energieniveau hin- und herwechseln kann. Zusätzlich kann das Elektron des Wasserstoffs zwischen zwei energetisch verschiedenen Spin-Zuständen hin- und herwechseln, die als parallel und antiparallel zum Spin des Protons bezeichnet werden (Hyperfeinstruktur; Abb. 14.2).

Wenn Elektronen von einem energetisch höheren in einen energetisch niedrigeren Zustand wechseln, kann die überschüssige Energie in Form von einem Lichtteilchen (Photon) freigesetzt werden, das sich als elektromagnetische Welle ausbreitet (Welle-Teilchen-Dualismus). Die Wellenlänge und Frequenz der elektromagnetischen Strahlung hängen dabei direkt von der Größe des Energieunterschiedes- beziehungsweise der freigewordenen Energiemenge ab.

Wechselt das Elektron im Wasserstoff seine Spin-Orientierung (Spin-Flip) von parallel zu antiparallel, dann bewegt sich das freigesetzte Lichtteilchen wellenförmig als elektromagnetische Strahlung mit einer Frequenz von 1420 MHz fort, deren Wellenlänge einer Radiowelle von 21,1 cm entspricht (Abb. 14.2). Dieser „Spin-Flip" ist der Grund dafür, dass wir den ersten neutralen Wasserstoff und damit die ersten Atome überhaupt in diesem Universum als starke Radiolinie bei einer Wellenlänge von 21 cm nachweisen können (auch Wasserstofflinie oder HI-Linie genannt). Durch die rasante Raumausdehnung

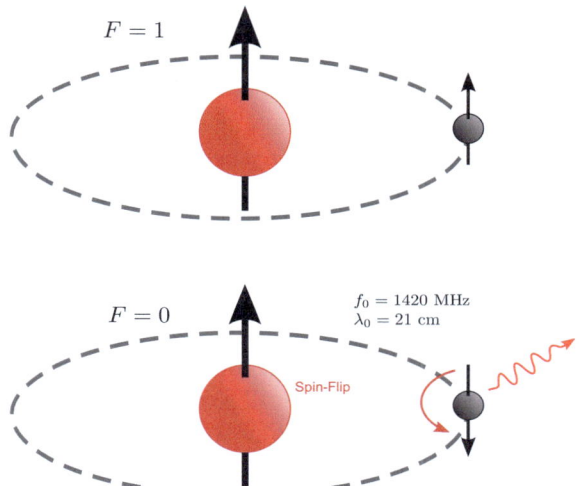

**Abb. 14.2** Wasserstoff im Grundzustand mit magnetisch paralleler (F=1) und antiparalleler (F=0) Einstellung des Elektrons (Hyperfeinstruktur). Durch den Spin-Flip-Übergang wird ein Energiebetrag frei, der einer Frequenz von 1420 MHz (Megahertz) entspricht. Wegen der zugehörigen Wellenlänge von 21 cm im Vakuum wird die Strahlung auch 21 cm-Linie genannt (alternativ: Wasserstofflinie, HI-Linie). (Quelle: Wikimedia commons, Copy right free, 2023 (Spinflip, 2023))

wurde diese Mikrowellenstrahlung aus dem jungen Universum auf ihrem Weg zu uns ordentlich rotverschoben, sodass wir sie inzwischen bei einer Wellenlänge von 2–4 m suchen müssen (Radioastronomie, 2023).

## 14.2 Kosmische Dämmerung

Mithilfe modernster Technik können wir dieses langwellige Signal aus der Anfangszeit des Universums in abgelegenen Regionen unserer Erde oder vom Weltraum aus detektieren. Weil unsere Fernseh- und Radiogeräte eine ähnliche Wellenlänge verwenden wie die rotverschobene kosmische „Mikrowellenhintergrundstrahlung", müssen die Teleskope möglichst weit von unserer Zivilisation entfernt sein. Das schwarz-weiße Bildschirmrauschen eines senderlosen Fernsehers ist ein anschauliches Beispiel für die Allgegenwart der kosmischen Hintergrundstrahlung.

Nach 380.000 Jahren „Dunkelheit" kennzeichnen diese Ereignisse den Zeitpunkt, an dem der Weltraum durchsichtig wurde und Photonen entweichen ließ, die zuvor noch durch Wechselwirkungen mit den überall umherschwirrenden ungebundenen Elektronen und Protonen zurückgehalten wurden („Thompson-Streuung"). Es wurde Licht im Universum. Dieser Zeitpunkt markiert somit auch die Grenze des beobachtbaren Universums, da wir aus der Zeit davor kein Licht empfangen können (Teilchenphysik, 2023). Wir haben diesen undurchsichtigen Horizont bereits als Beobachtungshorizont unseres Universums kennengelernt, anhand dessen wir das Alter unseres Universums abschätzen können.

Im Anschluss an die kurze Phase der Inflation verlangsamte sich die Expansion des Universums und nach circa 400 Mio. Jahren entstanden die ersten Sterne (Abb. 14.3). Die kosmische Epoche nach der Bildung neutraler Wasserstoffatome wird dunkles Zeitalter genannt, denn das expandierende Universum kühlte immer weiter ab, ohne dass in der Zwischenzeit neue heiße und strahlende Materie erzeugt wurde (Muñoz et al., 2018; Muñoz & Loeb, 2018).

Erst als die riesigen Wolken aus Wasserstoff-Atomen unter dem Einfluss der Schwerkraft zusammenfielen und die ersten Sterne bildeten, heizten Kernreaktionen im Inneren dieser Sterne die Materie genügend auf, um neues Licht hervorzubringen (VSDA, 2023). Die Geburt der ersten Sterne ließ die ewige Finsternis des kalten Uni-

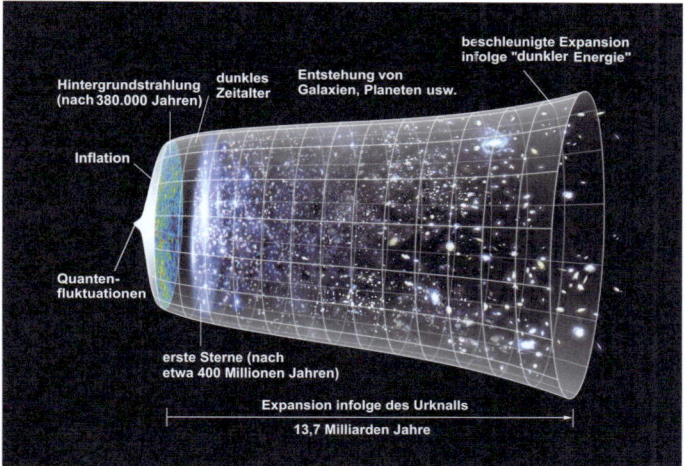

**Abb. 14.3** Die Evolution unseres Universums über eine Zeitskala von 13,77 Mrd. Jahren. Ganz links im Bild sieht man den frühesten Moment, den wir untersuchen können, als Phase der „Inflation", die einem kurzen Ausbruch von exponentiellem Wachstum entspricht. Die vertikalen Gitterlinien in dieser Grafik spiegeln die Größe des Universums zum jeweiligen Zeitpunkt wider. In den darauffolgenden Milliarden von Jahren verlangsamte sich die Ausdehnung schrittweise durch den Einfluss der Gravitation, die eine Zusammenlagerung der Materie bewirkt. Vor Kurzem begann die Expansion des Universums sich wieder zu beschleunigen und damit die abstoßende Wirkung der dunklen Energie gegenüber der zusammenziehenden Wirkung der Gravitation zu überwiegen. Die vom WMAP-Satelliten empfangene kosmische Hintergrundstrahlung wurde circa 375.000 Jahre nach der Inflation ausgesendet und hat das Universum seitdem weitestgehend störungsfrei durchquert. Dieses Licht überliefert einen Abdruck der Zustände, die in der frühesten Zeit des Universums geherrscht haben. ((c) NASA. Credit: NASA/WMAP Science Team (NASA, 2023))

versums im gleißenden Licht von Abermilliarden Sonnen erstrahlen. Die Epoche nach dem dunklen Zeitalter trägt daher den Namen „kosmische Dämmerung" (MPG, 2022).

Während dieser Zeit der kosmischen Dämmerung spalteten die ersten UV-Strahlen die Elektronen wieder vom neutralen Wasserstoff ab und füllten auf diese Weise den Raum zwischen den Sternen und Galaxien mit einem intergalaktischen Gas aus vollständig ionisiertem Wasserstoff. Die ionisierten Wasserstoffkerne (Protonen) machen mit 87 % den Großteil der kosmischen Strahlung aus. Heliumkerne, die durch UV-Strahlung ionisiert wurden, nennt man Alphateilchen. Sie machen weitere 12 % der kosmischen Strahlung aus. Lediglich 1 % der hochenergetischen Teilchenstrahlung sind andere schwerere ionisierte Atomkerne. Glücklicherweise zerfällt die kosmische Strahlung beim Eintritt in die Erdatmosphäre zu „Teilchenschauern", wobei einzelne Protonen in mehr als eine Million Sekundärteilchen zerlegt werden, von denen nur ein sehr geringer Teil die Erdoberfläche erreicht.

Sternensysteme mit umkreisenden Planeten bilden sich erst nach etwa 1–2 Mrd. Jahren, wie beispielsweise das Planetensystem um den Stern Kepler-444 (Campante, Barclay et al., 2015). Die neu gebildeten Sternensysteme wuchsen im Laufe der Zeit durch Gravitationswirkung zu riesigen Galaxien zusammen. Seit Kurzem beschleunigt sich die Expansion des Universums wieder. Der Einfluss der dunklen Energie scheint zu wachsen und den Auswirkungen der Gravitation entgegenzuwirken (Abb. 14.3).

## Literatur

Campante, T., et al. (2015). An ancient extrasolar system with five sub-Earth-size planets. *The Astrophysical Journal, 799*(2), 170.

EM_Spectrum. (2023). https://commons.wikimedia.org/wiki/File:EM_Spectrum_Properties_edit.svg.

MPG. (2022). https://www.mpg.de/18719222/das-ende-der-kosmischen-daemmerung.

Muñoz, J. B., et al. (2018). 21-cm fluctuations from charged dark matter. *Physical Review Letters, 121*(12), 121301.

Muñoz, J. B., & Loeb, A. (2018). A small amount of minicharged dark matter could cool the baryons in the early Universe. *Nature, 557*(7707), 684–686.

NASA. (2023). https://map.gsfc.nasa.gov/media/060915/index.html.

Radioastronomie, M.-P.-I. f. (2023). https://www.mpifr-bonn.mpg.de/lofar/ziele.

Sahoo, R., & Nayak T. K. (2022). „Possible early universe signals in proton collisions at the Large Hadron Collider." arXiv preprint. arXiv:2201.00202.

Spinflip. (2023). https://de.m.wikipedia.org/wiki/Datei:Hydrogen-SpinFlip.svg.

Teilchenphysik. (2023). https://teilchenphysik.at/wissen/entstehung-des-universums/index.html. https://teilchenphysik.at/wissen/entstehung-des-universums/index.html. Zugegriffen: 14. März 2023.

VSDA. (2023). https://vsda.de/vor-dem-dunklen-zeitalter/.

# 15

# Die Eroberung des Alls

*Du kannst den Ozean nicht überqueren,*
*wenn du nicht den Mut hast,*
*die Küste aus den Augen zu verlieren.*

*(Christoph Kolumbus)*

Wir haben bis heute nur auf dem Mond persönlich unsere Fußspuren hinterlassen. Und es ist nach so einer langen Zeit einzig und allein der fehlenden Atmosphäre unseres kleinen Trabanten zu verdanken, dass diese nicht längst verweht wurden. Die letzte von insgesamt elf bemannten Mondmissionen fand 1972 statt und liegt somit mehr als 50 Jahre zurück.

Getrieben von ihrem angeborenen Erkundungsdrang hat die Menschheit aber ihr nächstes Reiseziel fest im Visier: Mars, der alle 16 Jahre auf seiner elliptischen Bahn der Erde 56 Mio. km nahe kommt und damit seinen erdnächsten Punkt erreicht (NASA, 2023a). Diese Planetenkonstellation gilt als optimales Startfenster für eine bemannte Marsmission und wird sich zunächst wieder in den Jahren 2033 und 2048 ergeben. Die Raumfahrtbehörden von China, Russland und den USA sowie private Raumfahrtunternehmen wie SpaceX arbeiten auf Hochtouren an der Planung einer bemannten Marsmission.

Etwas längere Flugzeiten zum Mars sind für unbemannte Marsmissionen mit Landungs-Rovern, Sonden oder Erkundungssatelliten (Orbitern) weniger gravierend und werden daher seit 1960 in regelmäßigen Abständen von etwa zwei Jahren gestartet. Auf diese Weise haben wir bereits Erkundungssatelliten und Forschungsfahrzeuge wie den Rover Curiosity, Perseverance oder InSight Lander auf den Mars geschickt und ein detailliertes Porträt unseres Nachbarplaneten erstellt.

Viele der ersten Versuche in den 1960er und 1970er Jahren scheiterten, weil die empfindlichen Rover während der besonders kritischen Phase der Landung aufgrund von technischen Störungen entweder den Mars verfehlten oder während des Bremsmanövers zerschellten. Aber Übung macht bekanntlich Meister und wenn die Menschheit eines Tages auf dem Mars landet, wurde die Oberfläche dieses fernen Planeten inzwischen sogar genauer vermessen als die Oberfläche unseres eigenen Planeten. Die extrem genaue Kartierung des Mars verdanken wir Orbitern wie Mars Express, Mars Odyssey und MAVEN, die den roten Planten von ihrer Umlaufbahn aus vermessen und Wetterdaten sammeln (NASA, 2023a).

Während alle vom Mars sprechen, redet kaum jemand von unserem anderen Nachbarplaneten: der Venus, die uns auf ihrer Umlaufbahn bis zu 40 Mio. km nahe kommt und somit sogar näher als der Mars. Warum möchte niemand dorthin? Von uns aus gesehen liegt die Venus auf der inneren Seite des Sonnensystems, also zwischen Erde und Sonne. Anders als der Mars ist sie also näher an der Sonne und auch deutlich heißer (Abb. 15.1). Auf dem Mars ist es im Jahresdurchschnitt kälter als bei uns und nachts kommt es zu extremen Temperaturabfällen. Im Vergleich zum Mars ist die Venus ein heißer Backofen mit Oberflächentemperaturen um die 500 Grad Celsius. Gepaart mit ihrer schweren stickigen Atmosphäre erscheint die Venus für uns Menschen kein sonderlich einladendes Besuchsziel.

Mit zunehmender Entfernung von der Sonne wird es auf den Planeten unseres Sonnensystems immer kälter und auch deren Zusammensetzung verändert sich. Weit außen in unserem Sonnensystem kreisen die kühlen Gasriesen Jupiter, Saturn, Uranus und Neptun. Die äußeren Gasriesen haben, anders als die im Inneren unseres Sonnen-

**Abb. 15.1** Die Planeten, Monde und Zwergplaneten unseres Sonnensystems in Echtfarbe. Die Abstände zwischen den Objekten sind nicht maßstabsgetreu. (Quelle: Wikimedia commons, Solar System true color.jpg, 2023, CC BY-SA 4.0, Planeten und Monde: User: MotloAstro (Sun); NASA (Merkur, Venus, Erde, Mond, Jupiter, Saturn, Uranus, Neptun, Io, Europa (mit Farbkorrektur), Ganymede, Callisto (bearbeitet von Kevin M. Gill), Mimas, Enceladus, Tethys, Dione, Rhea, Titan, Miranda, Ariel, Umbriel, Titania, Oberon, Triton); ISRO/ISSDC/Justin Cowart (Mars). Zwergplaneten und Monde: NASA und ESA)

systems kreisenden „terrestrischen" Planeten, keine feste steinige Oberfläche. Gesteinsplaneten mit einer begehbaren Oberfläche gibt es also nicht sonderlich viele in unserem Sonnensystem: Erde, Merkur, Venus und Mars. Und Merkur können wir auch gleich wieder von unserer Reiseliste streichen, denn auf Merkur ist es sogar noch heißer als auf der Venus, da er der sonnennächste Planet unseres Sonnensystems ist. Da alle Planeten, die weiter von der Sonne entfernt sind als der Mars, aus Gas bestehen, werden wir in unserem eigenen Sonnensystem vermutlich vorerst nur den Mars höchstpersönlich besuchen können (möglicherweise mit Ausnahme einiger größerer Gesteinsmonde oder Zwergplaneten).

Diese Erkenntnis birgt zweifellos eine gewisse Ernüchterung für alle, die von Reisen auf fremde Planeten träumen oder sich durch die Besiedlung fremder Planeten eine Rettung der Menschheit erhoffen. Die „habitable" Zone („habitable" engl. bewohnbar), auch „Lebenszone" oder „Ökosphäre" genannt, ist mit der Erde und dem Mars in unserem Sonnensystem vermutlich bereits ausgeschöpft. Zumindest, wenn man die Maßstäbe dafür, wo Leben existieren kann, eher konservativ setzt und sich am irdischen Leben orientiert.

## 15.1 Ferne Welten

Wohin soll sich die Menschheit auf der Suche nach bewohnbaren oder belebten Welten richten? Der nächstgelegene Stern ist Alpha Centauri C, auch Proxima Centauri („proxima" lat. „nächste") genannt, in 4,246 Lichtjahren Entfernung. Was nach wenig klingt, ist in Wirklichkeit eine Entfernung von 40.000.000.000.000 oder 40 Billionen km und entspricht etwa einer Reisezeit mit dem Raumschiff von 75.100 Jahren – unter Verwendung der heute verfügbaren Antriebsarten und einer Reisegeschwindigkeit von 61.000 km/h (was der Reisegeschwindigkeit der Raumsonde Voyager 1 entspricht).

Proxima Centauri gehört zu einem Dreifachsternensystem im Sternbild Centaurus und wird nach heutigem Wissensstand von nur drei Planeten umkreist. Der dritte Planet namens Proxima Centauri d wurde erst kürzlich mit dem Very Large Telescope in Chile entdeckt und im Februar 2022 bekanntgegeben (ESO, 2022). In der habitablen Zone des Proxima-Centauri-Systems befindet sich der erst 2016 entdeckte erdähnliche Planet Proxima Centauri b (Anglada-Escudé et al., 2016). Spektralanalysen und Simulationen lassen vermuten, dass auf seiner Oberfläche flüssiges Wasser und eine Atmosphäre aus Stickstoff und Kohlenstoffdioxid existiert (Boutle, Mayne et al., 2017). Damit ist Proxima Centauri b ein äußerst interessanter Kandidat für zukünftige Forschungsmissionen. Zumal Proxima Centauri als sogenannter roter Zwerg mit nur 12 % der Masse unserer Sonne zu der häufigsten Sternart in der Milchstraße gehört.

Die Untersuchung eines erdähnlichen Planeten in der habitablen Zone eines roten Zwerges könnte sehr aufschlussreiche Antworten auf die Frage liefern, wie wahrscheinlich Leben in unserer Galaxie und in unserem Universum ist. Die geringe Größe und Masse des Sterns Proxima Centauri bringt jedoch auch einige lebensfeindliche Nachteile für seine umkreisenden Planeten. Denn obwohl auf seiner Oberfläche nicht einmal 3000 °C herrschen, kommt es durch Konvektionsströmungen in seinem flüssigen Inneren zum Aufbau von magnetischen Energien, die sich regelmäßig in explosionsartigen Ausbrüchen, den sogenannten Flares, entladen (Observatory, 2022). Solche Flares werden bis zu 2 Mio. Grad Celsius heiß und gehen mit gewaltigen Mengen an Röntgenstrahlung einher.

Die habitable Zone eines Sterns, der wie Proxima Centauri eine viel geringere Masse und Oberflächentemperatur als die Sonne aufweist, liegt demnach auch sehr viel näher am Stern als die habitable Zone unserer Sonne. Da unsere Sonne extrem massereich und heiß ist, können wir auf der Erde in sicherer Entfernung ihr warmes Licht genießen. Wäre unsere Sonne kleiner oder weniger heiß, so läge nicht unsere Erde, sondern die sonnennahen Planeten Venus oder Merkur in der habitablen Zone. Da sich der erdähnliche Planet Proxima Centauri b auf einer sehr engen Umlaufbahn um sein unberechenbares Zentralgestirn bewegt, ist es fraglich, ob die Voraussetzungen für Leben auf diesem Planeten überhaupt gegeben sind – oder die Vorstufen zellulären Lebens regelmäßig von gewaltigen Strahlungsausbrüchen weggepustet werden.

Die nächste große Galaxie ist die Andromedagalaxie, auch Andromedanebel genannt, in 2,5 Mio. Lichtjahren Entfernung. Diese Entfernung entspricht knapp 24 Trillionen km oder einer 24 mit 18 Nullen ($2,5 \times 10^6$ a $\times 9,46 \times 10^{12}$ km/a $= 23,65 \times 10^{18}$ km). Eine so weit entfernte Galaxie zu erreichen, wäre selbst dann ausgeschlossen, wenn es uns gelänge, mit Lichtgeschwindigkeit zu reisen.

Es gibt auch eigentlich keinen Grund, so weit in die Ferne zu schweifen. Allein die Milchstraße, unsere Heimatgalaxie, hat einen Durchmesser von 100.000 Lichtjahren und beherbergt 100–200 Mrd. Sterne. Als sogenannte Balkenspiralgalaxie besitzt sie die Form einer flachen Scheibe, in deren Zentrum sich ein schwarzes Loch mit der Masse von 4,31 Mio. Sonnen befindet (Gillessen, Eisenhauer et al., 2009).

Von der Erde aus, die sich auf einem ihrer Balkenarme befindet, erscheint sie uns als milchig weißes Band am Nachthimmel. Ich verzichte an dieser Stelle auf ein Bild der Milchstraße, denn alle Bilder, die Sie von der Milchstraße kennen, zeigen nicht unsere Milchstraße, sondern unsere Nachbargalaxie Andromeda M31. Die Menschheit hat bisher kein einziges Objekt aus unserer Milchstraße hinaus befördert, weshalb es auch kein Foto aus großer Distanz von ihr gibt.

Laut Auswertungen des NASA-Forschungssatelliten „Kepler" existieren allein innerhalb unserer Milchstraße rund 300 Mio. erdähnliche Planeten, wobei sich „erdähnlich" auf jeden Gesteinsplaneten bezieht, der sich in der habitablen Zone eines sonnenähnlichen Sterns bewegt und dessen Oberflächentemperaturen flüssiges Wasser ermöglichen (Bryson, Kunimoto et al., 2020). Auch wenn wir vermutlich niemals erfahren werden, wie das Leben auf der Erde entstanden ist und ob es nicht auch auf anderen Wegen hätte entstehen können, wissen wir jedoch zumindest, dass auf erdähnlichen Planeten erdähnliches Leben möglich ist.

## 15.2 Interstellare Segelschiffe

Mit ziemlicher Sicherheit ist unsere Heimatgalaxie also die einzige Galaxie, mit der wir uns in Anbetracht all unserer Möglichkeiten jemals beschäftigen müssen. Auf Reisen mit Lichtgeschwindigkeit zu hoffen, scheint aktuell vergebens. In Teilchenbeschleunigern gelingt es uns nicht, geladene Teilchen von der Größe eines Billionstel Millimeters, wie beispielsweise Protonen, auf Lichtgeschwindigkeit zu beschleunigen. Wir schaffen immer nur 99 %, mit einem wachsenden Betrag hinter dem Komma. Die volle Lichtgeschwindigkeit kann bisher nur von masselosen Teilchen – wie dem Photon – erreicht werden.

Photonen transportieren den Energiegehalt von elektromagnetischen Wellen, zu denen auch Röntgenstrahlen, UV-Strahlen und Radiowellen gehören. All diese Arten von elektromagnetischen Wellen bewegen sich mit Lichtgeschwindigkeit fort, unterscheiden sich jedoch in ihrer Wellenlänge und „Photonenenergie". Bei kurzen Wellenlängen und hoher Photonenenergie spricht man von elektromagnetischer „Strahlung", bei langen Wellenlängen und niedriger Photonenenergie von elektromagnetischen „Wellen". Obwohl Röntgenstrahlen als Strahlung bezeichnet werden und Radiowellen als Wellen, handelt es sich jedoch in beiden Fällen um elektromagnetische Wellen.

Nach der berühmten Formel $E = mc^2$ (wobei E für Energie steht, m für die Masse und c für die Lichtgeschwindigkeit) sind Energie und Masse äquivalent, also gleichwertig. Da die Lichtgeschwindigkeit eine festgelegte und enorm große Zahl ist, führt jede weitere Energiezufuhr nahe der Lichtgeschwindigkeit bei allen Teilchen oder Objekten mit einer Masse zu keiner nennenswerten weiteren Beschleunigung, sondern nur zu einer zunehmenden Masse und Trägheit.

Wir sind momentan mit aller Technik und Energie dieser Welt nicht in der Lage, Elementarteilchen auf Lichtgeschwindigkeit zu beschleunigen. Um ein großes bemanntes Raumschiff auf Lichtgeschwindigkeit zu beschleunigen, würden wir vermutlich mehr Energie benötigen als im Universum existiert. Angesichts der enormen Anstrengungen, die es uns bereitet, selbst kleinste Teilchen auf Lichtgeschwindigkeit zu beschleunigen, scheint die Leichtigkeit, mit der Photonen bei der Betätigung eines Lichtschalters davon fliegen, nahezu absurd.

## 15 Die Eroberung des Alls

Wir werden also wahrscheinlich niemals mit Lichtgeschwindigkeit durch das Weltall reisen und Wurmlöcher bzw. Abkürzungen durch die Raumzeit existieren mit großer Wahrscheinlichkeit auch (noch) nicht. Andererseits ist das Reisen mit voller Lichtgeschwindigkeit auch gar nicht unbedingt notwendig. Es wäre bereits ein gewaltiger Fortschritt, einen Bruchteil der Lichtgeschwindigkeit zu erreichen. Hierfür existieren bereits verschiedene spannende Ansätze von Wissenschaftlern, wie beispielsweise gigantische Segel, die Raumschiffe antreiben, indem sie von der Erde oder vom All aus mit Laserstrahlen beschossen und dadurch beschleunigt werden (Abb. 15.2; Long, 2012). Diese Antriebsart wird Lichtsegel oder Photonenantrieb genannt, denn Laser sind im Prinzip nichts anderes als stark gebündelte elektromagnetische Wellen mit hoher Intensität und engem Frequenzbereich, deren hohe Photonenenergie nutzbar gemacht wird.

Mithilfe eines Lichtsegels könnten leichte unbemannte Sonden auf bis zu 25 % der Lichtgeschwindigkeit beschleunigt werden, was 75.000 km/s entspricht. Bei dieser Geschwindigkeit würde eine Raumsonde die Erde innerhalb einer Sekunde fast zweimal vollständig umrunden (Erdumfang am Äquator: 40.075 km). Die 4,3 Lichtjahre zum nächstgelegenen Sternensystem Alpha Centauri wären dann in nur 20 Jahren zu schaffen. Für bemannte Raumschiffe mit einem Gewicht von über 100 t wären noch Reisegeschwindigkeiten von 0,003 % der Lichtgeschwindigkeit vorstellbar. Da die Lichtgeschwindigkeit eine enorm große Zahl ist, entspricht dieser kleine Betrag aber immer noch einer Geschwindigkeit von 1000 km/s, womit der Mars beispielsweise in nur 30 Tagen zu erreichen wäre (Lubin, 2016).

Unsere derzeit verfügbaren Antriebsmethoden basieren auf der Bereitstellung von chemischer Energie. Daher

**Abb. 15.2** Prinzip der Lichtsegel-Technologie: Eine neuartige Antriebstechnologie, die eines Tages weite Reisen in das Weltall ermöglichen könnte. So wie Segelboote vom Wind durch das Wasser geschoben werden, werden Lichtsegel von Lichtquellen wie Laserstrahlen, der Sonne oder anderen Sternen angetrieben. Das gigantische Lichtsegel besteht aus einem ultraleichten Material und fängt fortwährend Photonen ein. Über die Zeit summiert sich der Aufprall der Photonen und wäre sogar ausreichend, um ein kleines leichtes Objekt oder Raumschiff weit in die Tiefen des Alls zu befördern. Bei intelligent gewählter Flugbahn, beispielsweise von Stern zu Stern, kann wieder neue Energie „aufgetankt" werden. Lichtsegel werden bereits von NASA-Ingenieuren gebaut und getestet. (Quelle: NASA)

ist der Energiegehalt klassischer Treibstoffe oder Atomantriebe durch die Menge an chemischer Energie limitiert, die bei der Verbrennung beziehungsweise dem atomaren Zerfall frei wird. Der Photonenantrieb unterliegt, abgesehen vom Maximum der Lichtgeschwindigkeit, keiner solchen Obergrenze und wäre außerhalb der Sonde oder des Raumschiffs platziert. Dies hätte zusätzlich den Vorteil von erheblichen Gewichtseinsparungen für das zu beschleunigende Objekt.

Der Astrophysiker und Vorsitzende des Fachbereichs Astronomie der Harvard-Universität, Avi Loeb, ist Vorsitzender des Beratungskomitees eines Forschungs- und Entwicklungsprojektes namens „Breakthrough Starshoot", dessen Ziel es ist, mithilfe der Lichtsegeltechnologie Forschungssatelliten in das nächstgelegene Sternensystem Alpha Centauri zu schicken. Er erweckte weltweit mediales Aufsehen mit seinen wissenschaftlichen Veröffentlichungen zu dem interstellaren Objekt „Oumuamua" (offizieller Name: 1I/2017 U1), das im Jahr 2017 von dem Pan-STARRS-1-Teleskop auf Hawaii auf seinem stillen Flug durch unser Sonnensystem entdeckt wurde (NASA, 2023c) (Abb. 15.3).

Oumuamua war in vielerlei Hinsicht eine Sensation und regte Physiker auf der ganzen Welt zur Produktion von unzähligen Fachartikeln mit Berechnungen zu Oumuamuas Beschaffenheit und möglicher Herkunft an. Die Artikel widmeten sich insbesondere der Flugbahn und dem sonderbaren „Verhalten" von Oumuamua, das Loeb in Form des Bestsellers *Außerirdisch* für die Weltöffentlichkeit zusammenfasste (Loeb, 2021a, b, c). Mit wissenschaftlicher Objektivität und Offenheit betrachtet, schließen die Daten von Oumuamua nämlich bis heute nicht aus, dass es sich bei Oumuamua möglicherweise um die Lichtsegeltechnologie einer intelligenten außerirdischen Lebensform handelt.

Diese Spekulationen erweckten viel Aufsehen, denn zum einen handelte es sich um das erste jemals in unserem Sonnensystem gesichtete interstellare Objekt (das bedeutet, es kam nicht wie alle anderen Asteroiden oder Kometen, die wir regelmäßig beobachten, aus unserem eigenen Sonnensystem) und zum anderen stammte diese Vermutung von Professor Loeb – einem überaus glaubhaften und renommierten Physiker der Harvard-Universität. Seine Berechnungen stützen sich auf die

**Abb. 15.3** Künstlerische Darstellung des ersten bekannten interstellaren Objektes: Oumuamua (1I/2017 U1). Es wurde am 19. Oktober 2017 vom Pan-STARRS-1-Teleskop auf Hawaii entdeckt. Spätere Beobachtungen mit dem Very Large Telescope in Chile und anderer Observatorien auf der ganzen Welt zeigten, dass es seit Millionen von Jahren im All unterwegs war, bevor es in unser Sonnensystem eintrat. Den Aufnahmen zufolge ist Oumuamua ein scheinbar dunkelrotes, sehr längliches Objekt (circa 400 m) aus Metall oder Gestein und mit keinem Objekt zu vergleichen, das wir jemals in unserem Sonnensystem beobachtet haben. Anhand der vorhandenen Daten könnten das Längen-Breite-Verhältnis und die Dicke des Objekts noch wesentlich extremer ausfallen als in dieser künstlerischen Darstellung. Es ist sogar möglich, dass Oumuamua nur wenige Millimeter dick ist und wesentlich größer als 400 m. (Quelle: ESO/M. Kornmesser (NASA, 2023))

ungewöhnlichen Daten zu Oumuamua, die zwar von der wissenschaftlichen Gemeinschaft akzeptiert werden, bisher aber trotz fleißigen Bemühens nicht wirklich verstanden bzw. aufgeklärt werden konnten. Laut Loeb rechtfertigen die nachfolgenden Punkte, zu erwägen, dass Oumuamua eine uralte Lichtsegeltechnologie oder der „Weltraummüll" einer außerirdischen Zivilisation sein könnte:

1. Oumuamuas Form weicht im Verhältnis von Masse zu Fläche weit von allen Kometen und Asteroiden ab, die wir jemals gesehen haben. Oumuamua ist unglaublich dünn und großflächig und vermutlich eine Scheibe (Vazan & Sari, 2020).
2. Oumuamua hat eine extrem längliche Form, die Kometen oder Asteroiden gewöhnlich nicht aufweisen und die höchstens durch eine Absplitterung während der Bildung oder Kollision von Planeten entstanden sein könnte. Dies wiederum wäre aufgrund von Punkt 1 aber sehr unwahrscheinlich.
3. Oumuamuas sonderbare Flugbahn entspricht nicht der durch die Gravitationskraft der Sonne vorgegebenen Flugbahn.
4. Und zu guter Letzt: Oumuamuas seltsame Beschleunigung aus unserem Sonnensystem hinaus, die zudem mit wachsender Entfernung von der Sonne gleichmäßig abnahm (Micheli, Farnocchia et al., 2018). Die Beschleunigung kann jedoch nicht durch die Verdampfung von Eis erklärt werden, wie sie bei Kometen zu beobachten ist, weil Teleskopaufnahmen eindeutig gezeigt haben, dass Oumuamua keinen Schweif besitzt (Bialy & Loeb, 2018; Trilling, Mommert et al., 2018; Hoang & Loeb, 2020; Loeb, 2021a, b, c).

Diese Daten sind trotz ihrer Absonderlichkeit noch kein ausreichender Beweis für Loebs Hypothese. Die zielorientierte Arbeitsweise der wissenschaftlichen Methode verlangt jedoch, dass Hypothesen, die auf objektiven Daten aufbauen, als legitime Erklärungsversuche anerkannt und getestet werden – mögen sie unserer menschlichen Intuition auch noch so befremdlich erscheinen. Stattdessen wird die Lichtsegel-Hypothese von vielen Wissenschaftlern veralbert. Dies ist verwunderlich, denn die alternativen Erklärungsansätze, stehen der Lichtsegel-Hypothese an Unwahrscheinlichkeit oder Unstimmigkeit in nichts nach (Loeb, 2021a). Andere Gebiete der theoretischen Physik, beispielsweise die „Supersymmetrie" oder die „Stringtheorie", werden enorm kostspielig gefördert, obwohl keinerlei Beweise oder Nachweismöglichkeiten für diese Theorien existieren. Anders als die wissenschaftliche Gemeinschaft nahm die Weltöffentlichkeit Loebs Erklärungsansatz mit großer Neugier entgegen. Das offenkundige Interesse der Menschheit wäre ein ausreichender Anlass, damit eine mit Steuergeldern finanzierte Forschung dieser wissenschaftlichen Hypothese nachgeht und ernsthaft nach außerirdischem Leben sucht.

Da Oumuamua leider erst viel zu spät entdeckt wurde und wir nur wenige Aufnahmen von diesem seltsamen Objekt haben, werden wir vermutlich nie erfahren, was Oumuamua wirklich war. Unsere einzige Möglichkeit zu erfahren, ob Oumuamua so einzigartig ist, wie es scheint, besteht darin, nach vergleichbaren interstellaren Objekten Ausschau zu halten. Wenn wir häufiger auf Objekte wie Oumuamua stoßen und diese genauer untersuchen können, werden wir möglicherweise herausfinden, dass es sich um ein Objekt natürlichen Ursprungs handelte. Wenn wir aber unter allen interstellaren Objekten keines mehr finden, das Oumuamuas sonderbarem Verhalten ähnelt, würde das Loebs Verdacht bestärken, dass Oumuamua künstlichen Ursprungs war (Loeb, 2021a, b, c).

Interstellare Objekte kann man übrigens einfach daran erkennen, dass sie sich auf einer hyperbolischen Bahn durch unser Sonnensystem bewegen – das heißt, sie holen im Anziehungsbereich der Sonne Schwung und werden dann wieder aus dem Sonnensystem herausgeschleudert. Dieses Verhalten macht man sich auch in der Raumfahrt zunutze – beispielsweise indem man Raumsonden durch einen Abstecher zu großen Planeten wie Jupiter beschleunigt. Alle anderen nicht-interstellaren Asteroiden oder Kometen sind gravitativ an die Sonne gebunden, was bedeutet, dass sie sich auf elliptischen Bahnen um die Sonne herum bewegen, ohne unser Sonnensystem zu verlassen.

Im Jahr 2019 wurde das zweite bisher jemals gesichtete interstellare Objekt 2I/Borisov dokumentiert (benannt nach seinem russischen Entdecker, einem Amateurastronom mit selbstgebautem 65 cm-Teleskop). Dieses zweite interstellare Objekt war anders als Oumuamua. Seine Oberflächenzusammensetzung und sein Verhalten entsprachen einem typischen Kometen. Sollte es sich bei Oumuamua wirklich um eine außerirdische Lichtsegeltechnologie gehandelt haben, können wir jedoch davon ausgehen, dass der Besuch rein zufällig war. Oumuamuas Flugbahn verrät uns, dass es schon seit Millionen von Jahren im All unterwegs ist (Loeb, 2021a, b, c).

## 15.3 Strahlung

Es existieren also vielversprechende Ansätze für die Zukunft der unbemannten Raumfahrt. Die bemannte Raumfahrt hat jedoch noch mit einer Reihe ganz anderer unangenehmer Probleme zu kämpfen. Zum einen sind die heutigen Antriebe für eine interstellare Expedition, inklusive Besatzung, Proviant und Energiereserven, weiterhin zu schwach, zum anderen wirft schon eine bemannte Marsmission bisher ungelöste und gefährliche Probleme auf: die hoch dosierte kosmische Strahlung – insbesondere die solare Strahlung unserer Sonne. Obwohl eine Reise zum Mars in Anbetracht aller technologischen und psychologischen Herausforderungen in absehbarer Zeit tatsächlich möglich wäre, würde es bei einer Reisezeit von 253 Tagen pro Strecke zu massiven Schäden an der menschlichen DNA und den Geweben kommen.

Vereinzelte DNA-Schäden können sehr gut von unserem Körper repariert werden und gehören sozusagen zum „daily business". Allerdings sind insbesondere dauerhafte und hoch dosierte Karzinogene oder Strahlung ein idealer Nährboden für das Heranreifen späterer Krebserkrankungen. Dauerhaft erhöhte Mutationsraten beschleunigen zusätzlich den Alterungsprozess, denn sie verkürzen die Lebensdauer wertvoller Stammzellen, die in unserem Körper die überlebenswichtige Aufgabe haben für Nachschub an jungen gesunden Zellen zu sorgen. Auf diese Weise bestimmt der Vorrat unserer Stammzellen maßgeblich, wie alt wir werden können. Insbesondere unser persönlicher Vorrat an Blutstammzellen entscheidet, wie schnell wir im Alter anfälliger für Infektionskrankheiten werden und schwerere Krankheitsverläufe erleiden.

Wer es schafft, bis ins hohe Alter von Erkrankungen und Unfällen verschont zu bleiben, dem werden die Blutstammzellen spätestens mit 110–120 Jahren ausgehen. Ihre Aufgabe ist es, durch Zellteilungen die Vorläufer unserer verschiedenen Abwehrzellen zu bilden. Aufgrund dieser überlebenswichtigen Funktion sitzen sie, vor gefährlichen äußeren Umwelteinflüssen abgeschirmt, im Knochenmark verborgen. In dieser sicheren „Kinderstube" unserer Immunabwehr gehen bei Bedarf aus einer Stammzellteilung zwei neue Tochterzellen hervor, von denen stets eine als neue Stammzelle im Knochenmark zurückbleibt. Jede zusätzliche Teilung birgt die Gefahr von DNA-Schäden und Reparaturfehlern und verkürzt die Telomere an den Enden der Chromosomen. Diese langen Anhängsel sind wie Schutzkappen an den Enden der Chromosomen und werden bei jeder Zellteilung ein kleines bisschen kürzer. Ohne Telomere würde bei jeder Zellteilung DNA-Information verloren gehen (der Grund dafür ist, dass die DNA-Polymerase ihre Arbeit nur an einem kurzen Abschnitt aus RNA-Bausteinen beginnen kann, dem sog. Primer, der aber später wieder abgebaut wird und dabei eine Lücke im neu gebildeten DNA-Strang hinterlässt). Telomere sind eine elegante Lösung der Natur, um dieses Problem zu umgehen. Erst wenn sie nach einer fest definierten Zahl an Teilungen aufgebraucht sind, stirbt die Körperzelle oder geht in eine Art Altersruhestand.

Im Laufe des Lebens erschöpft sich also das wertvolle Reservoir unserer Blutstammzellen und Erkrankungen nehmen einen zunehmend schwereren Verlauf. Man stirbt buchstäblich an einem Schnupfen. Die Lebenszeit unserer Blutstammzellen hängt dabei von mehreren Faktoren ab: wie stark unsere Stammzellen im Laufe des Lebens durch Mutationen geschädigt wurden, wie häufig sie sich teilen mussten, um andere geschädigte Zellen zu ersetzen, und wie viele dauerhafte oder entzündliche Erkrankungen wir hatten. Je mehr dieser Faktoren aufeinandertreffen, desto schneller wird der Vorrat unserer Blutstammzellen aufgebraucht (Walter, Lier et al., 2015). Und umso häufiger erkrankt man auch an Krebs, weshalb die Häufigkeit von Leukämie mit dem Alter zunimmt.

Schätzungen der NASA ergaben, dass das Risiko, an Krebs zu sterben, bei Teilnehmern von Mars-Expeditionen auf bis zu 40 % steigen könnte. Selbst für die kürzeste vorstellbare Rundreise zum Mars wurde eine Strahlendosis von 0,66 Sv berechnet. Das entspricht einer Strahlendosis von ungefähr 132 Jahren als Berufspilot, 6600 Transatlantikflügen nach San Francisco hin und zurück oder 66 Computertomographien (CTs) des Bauchraums. Mäuse die einer vergleichbaren Strahlendosis ausgesetzt wurden, zeigten weitreichende Schädigungen der DNA, die insbesondere in Geweben mit einer hohen Teilungsrate, wie der Darmschleimhaut, nachweisbar waren. Diese Daten lassen auch für interplanetare Reisen ein erhöhtes Krebsrisiko vermuten (Zeitlin, Hassler et al., 2013). In diesem Fall helfen auch die Sekundenbruchteile wenig, die Astronauten dank der relativistischen Zeitdilatation langsamer altern werden.

Zur Abschirmung der gefährlichen Strahlung wären Energieschilde notwendig, die beispielsweise in Form von Magnetfeldern, ähnlich wie das Magnetfeld unserer Erde, die Insassen des Raumschiffs vor der kosmischen Strahlung schützen. Ein solches Schutzschild wäre jedoch mit einem extrem hohen Energieaufwand verbunden und existiert bisher nur in Science-Fiction-Filmen. Ein klassischer Strahlenschutz aus einem mehrere Zentimeter dicken Material wäre aufgrund des hohen zusätzlichen Gewichts ebenfalls energetisch problematisch. Eine mögliche Lösung für diese Energieproblematik wären Atomantriebe – also kleine Mini-Kernreaktoren, die Raumsonden oder Raumschiffe mit Energie versorgen und die momentan von der russischen Raumfahrtbehörde „Roscosmos" entwickelt werden. Diese würden zwar möglicherweise die Energieproblematik lösen, stellen aber wiederum selbst eine „abschirmungswürdige" Strahlenquelle dar.

## 15.4 Musik im Universum

Für uns Menschen werden Reisen in fremde Galaxien also noch für lange Zeit nichts weiter bleiben als Zukunftsmusik. Unseren Technologien bleibt der Zutritt zu den Tiefen des Alls jedoch nicht verschlossen. Sie werden ihren Kurs durch das All auch dann noch unbeirrt halten, wenn auf der Erde schon lange keine Menschen mehr existieren. Die wohl berühmteste Sonde ist die U.S. Raumsonde Voyager 1 („voyager" englisch für Reisender), die am

5. September 1977 von Cape Canaveral (USA) aus in den Weltraum startete. Sie wurde entwickelt, um unser Sonnensystem zu erforschen und mit Kameras Aufnahmen von der Sonne und den Planeten zu machen. Die ersten Echtfarbaufnahmen von Jupiter gingen um die Welt. Sie zeigen einen Planeten mit Bändern aus weißlich hellen aufsteigenden und dunklen absinkenden Wolken, die als gigantische Stürme mit Windgeschwindigkeiten von bis zu 540 km/h den gesamten Planeten umwandern. (Ein Video dieser Wolkenbewegungen findet man auf der Seite des Jet Propulsion Laboratory: https://voyager.jpl.nasa.gov/mission/science/jupiter/, (NASA/JPL, 2023b); Abb. 15.4.)

Am 14. Februar des Jahres 1990, am Valentinstag, nur wenige Minuten, bevor Voyager 1 seine Kameras für

**Abb. 15.4** Die Aufnahme zeigt die Oberfläche von Jupiter mit seinem berühmten großen roten Fleck – einem jahrhundertealten Hochdruckgebiet, das einen antizyklonalen Sturm erzeugt. Dieser Sturm ist der größte Sturm in unserem Sonnensystem. Die Aufnahme stammt aus dem Jahr 1979. (Quelle: NASA/JPL-Caltech (Jupiter, 2023))

immer ausschaltete, drehte Voyager 1 seine nach vorne gerichteten Kameras um 180 Grad zurück und machte eine Reihe von Aufnahmen. Diese zeigen unsere Sonne und sechs ihrer Planeten aus über 6 Mrd. km Entfernung. Die berühmteste Aufnahme dieser „Familienportraits" zeigt unsere kleine blaue Erde verloren inmitten der dunklen Weiten des Alls. Das Bild ging unter dem Titel „Pale Blue Dot" in die Geschichte ein (Abb. 15.5).

Angeregt wurde diese Aufnahme durch den Physiker Carl Sagan, dem wir bereits zu Anfang als leidenschaft-

**Abb. 15.5** „Pale Blue Dot" zeigt unsere kleine blaue Erde als einen winzigen hellen Punkt im Weltall, inmitten eines vertikal durch das Bild verlaufenden Sonnenstrahls. Die Sonne befindet sich unterhalb des Bildes, weshalb der untere Bereich heller erscheint. Das Bild wurde am 14. Februar 1990 von der Raumsonde Voyager 1 vom äußeren Rand des Sonnensystems aus 6 Mrd. km Entfernung aufgenommen. Nur 34 min später schaltete Voyager 1 seine Kameras für immer ab. (Quelle: NASA/JPL-Caltech (Dot, 2023))

lichem Wissenschaftler und begnadetem Schriftsteller begegnet sind. Vor der Voyager-Mission wirkte er bereits an zahlreichen anderen unbemannten Raumfahrt-Programmen wie der „Pioneer-Mission" mit. Aus dieser einmaligen Perspektive betrachtet, sollte das Bild unserer Erde uns vor Augen führen, wie einzigartig und lebensnotwendig unser kleiner blauer Heimatplanet für uns ist. Sagan hoffte, dass dieser Anblick die Menschheit zu mehr Rücksicht und Wertschätzung veranlassen würde.

Voyager 1 war aber noch für Größeres bestimmt: Als erstes Objekt, das jemals von Menschen gebaut wurde, sollte Voyager 1 unser Sonnensystem verlassen und in den interstellaren Raum eintreten. Der interstellare Raum ist der weite leere Raum zwischen den Sternen und ihren Planetensystemen, der den Großteil unseres Universums ausmacht. Am 25. August 2012 verließ Voyager 1 unser Sonnensystem für immer – und ist bis heute das am weitesten von der Erde entfernte menschliche Objekt. Momentan ist Voyager 1 schon über 23,8 Mrd. Kilometer von der Sonne entfernt, was etwa 159-mal dem Abstand zwischen Erde und Sonne entspricht (159 astronomische Einheiten (AE), wobei 1 AE der Entfernung zur Sonne von 150 Mio. km entspricht, Stand März 2023: (NASA, 2023b)). Voyager 1 bewegt sich mit einer Geschwindigkeit von 61.000 km/h immer weiter von uns fort und tiefer in den Weltraum hinein.

Wir empfangen noch immer Daten von Voyager 1, wenngleich die Energieversorgung und damit die Geschwindigkeit langsam abnimmt und alle technischen Geräte nach und nach abgeschaltet werden müssen. Das für die Voyager-Mission verantwortliche Wissenschaftlerteam versäumte trotz großen Zeitdrucks jedoch nicht, Voyager noch kurz vor dem Start etwas Wichtiges mit auf den Weg zu geben: Sie montierten eine vergoldete Schallplatte aus Kupfer mit einer Nadel zum Abspielen außen sichtbar in einer Kassette an den beiden Raumsonden Voyager 1 und Voyager 2 (Abb. 15.6).

Die Schallplatte trägt den Namen „Voyager Golden Record" und könnte der bedeutendste Gegenstand sein, den die Menschheit jemals schuf. Durch den Schutz der Vergoldung hat die Schallplatte in ihrer Kassette eine geschätzte Lebensdauer von 500 Mio. Jahren. Sie könnte das Einzige sein, das jemals im Universum in Hunderten Millionen von Jahren Zeugnis davon ablegt, dass es Menschen überhaupt gegeben hat. Die Wissenschaftler haben die Hülle mit einer Gebrauchsanweisung in symbolischer Sprache versehen sowie mit einer genauen Positionsangabe unseres Sonnensystems in Relation zu 14 Pulsaren (Abb. 15.7).

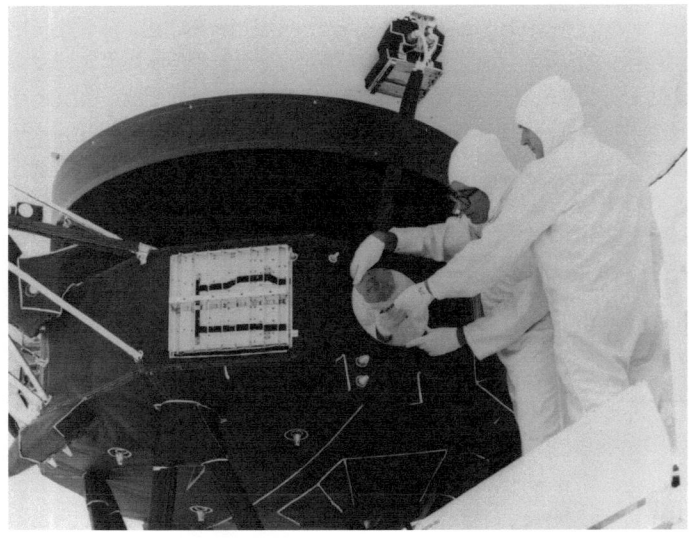

**Abb. 15.6** Im August 1977 befestigten NASA-Wissenschaftler die Kassette mit der Voyager Golden Record an der Außenseite der beiden Voyager-Sonden. (Quelle: NASA/JPL (Record, 2023))

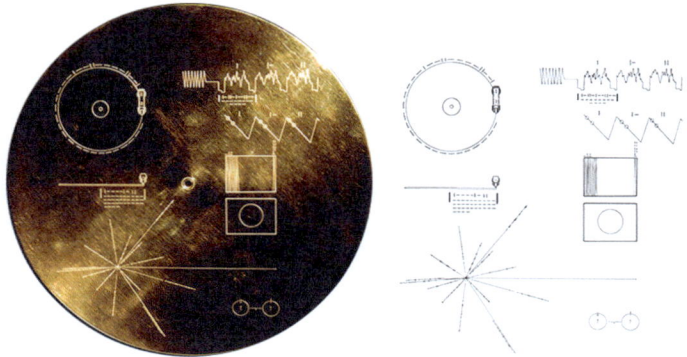

**Abb. 15.7** Voyager Golden Record Cover: Der Bereich oben rechts auf der Hülle erklärt, wie die Schallplatte mithilfe der beigefügten Nadel gelesen wird, um die Bilder und Tonaufnahmen zu erzeugen. Unten links befindet sich die Pulsar-Karte, die angibt, wo sich unser Sonnensystem in Relation zu 14 Pulsaren befindet, deren exakte Perioden ebenfalls angegeben sind. Die zwei Kreise ganz unten rechts zeigen das Wasserstoffatom in seinen zwei niedrigsten Energiezuständen. Die Hülle der Voyager Golden Record besteht aus Aluminium, auf das eine ultrareine Uranium-238-Quelle galvanisiert wurde, deren radioaktive Zerfallsrate als radioaktive Uhr dient. (Quelle: NASA/JPL (Cover, 2023))

Auf die Aluminiumhülle der Voyager Golden Record wurde eine ultrareine Uranium-238-Quelle galvanisiert. Durch den gleichmäßigen Zerfall des Uraniums-238 in seine Tochter-Isotope wirkt die Uranium-Quelle als radioaktive Uhr, die angibt, wie lange die Voyager-Sonde bereits im All unterwegs ist. Nach 4,51 Mrd. Jahren wird die Hälfte des ursprünglichen Uraniums-238 zerfallen sein. Außerirdische Empfänger, die diese Fläche von 2 cm Durchmesser auf der Schallplatte untersuchen, werden anhand des Verhältnisses von Tochter-Elementen zum verbliebenen Uranium-238 bestimmen können, wie viel Zeit vergangen ist, seitdem der Fleck an der Sonde aufgebracht wurde (NASA/JPL, 2023a).

Was ist auf dieser vergoldeten Schallplatte? Das Forscherteam um Carl Sagan speicherte 116 Bilder sowie 27 Musikstücke, verschiedenste Töne und Grußbotschaften in 55 Sprachen auf der Schallplatte (Abb. 15.8). Das erste Musikstück, das intelligentes außerirdisches Leben von uns hören wird, ist Bachs Brandenburg Concerto No. 2 in F, gespielt vom Münchener Bach Orchester mit Karl Richter als Dirigent (zum Abspielen des Titels: https://www.youtube.com/watch?v=olLi5RtE_6M). Dieses klassische Werk symbolisiert in besonderer Weise die menschlichen

**Abb. 15.8** Voyager Golden Record: „The Sounds of Earth". Die Schallplatte hat einen Durchmesser von 30 cm und besteht aus goldbeschichtetem Kupfer. Sie wird auch nach Hunderten Millionen Jahren im All noch abspielbar sein. (Quelle: NASA/JPL (Record, 2023))

Gefühle der Freude und Hoffnung. Bach, der zu Lebzeiten kaum bekannt war, hätte sich bestimmt gefreut.

Neben anderen Werken von Bach, Beethoven und Mozart ist die weltweite Musikvielfalt mit Stücken aus dem Senegal und Peru vertreten sowie „Johnny B. Goode" von Chuck Berry. 116 analog gespeicherte Aufnahmen zeigen Bilder aus der Geologie, Anatomie, Genetik, Botanik, Zoologie, Architektur, Physik und Raumfahrt. Sie zeigen blaue Ozeane, saftige grüne Wälder, bunte Vögel, Blütenpflanzen und das Bild einer stillenden Mutter mit ihrem Baby im Arm. Als Tonaufnahmen sind Geräusche von Regen, Lachen und Fußschritte zu hören, Morsezeichen, der Start der Saturn-5-Mond-Rakete, Schimpansen und das Quaken von Fröschen. Es sind Herzschläge zu hören, menschliche Sprache und das Geräusch eines Kusses zwischen Mutter und Kind (Greetings, 2023; Images, 2023; Music, 2023; Sounds, 2023).

Welch erhabener Gedanke, dass eines Tages, in vielleicht 200 oder 300 Mio. Jahren, intelligente Lebewesen in einer fernen Galaxie als erstes Zeichen der Menschheit Bach hören und die Bilder unserer blaugrünen Erde und ihrer Bewohner sehen. Welch wundervoller und fruchtbarer Ort, werden sie denken, muss die Erde vor Jahrmillionen gewesen sein (was sie dann definitiv nicht mehr ist, denn die Sonne wird das Wasser der Ozeane längst verdampft haben) (Sagan, 1979).

Die Wissenschaft hat ermöglicht, das dieses Abbild der Menschheit und unserer Welt eine halbe Milliarde Jahre im Weltall überdauert. Die Geschichte dieser interstellaren Botschaft hat Carl Sagan in dem Buch *Murmurs of Earth – the Voyager Interstellar Record* festgehalten (Sagan, 1979). Die Voyager-Mission ist der beste Beweis, dass Wissenschaft im Zusammenspiel mit menschlicher Leidenschaft und Kreativität Dinge von unvergleichlicher Bedeutung und Schönheit schaffen kann.

## Literatur

Anglada-Escudé, G., et al. (2016). A terrestrial planet candidate in a temperate orbit around Proxima Centauri. *Nature, 536*(7617), 437–440.

Bialy, S., & Loeb, A. (2018). Could solar radiation pressure explain Oumuamua's peculiar acceleration? *The Astrophysical Journal Letters, 868*(1), L1.

Boutle, I. A., et al. (2017). Exploring the climate of Proxima B with the Met Office Unified Model. *A&A, 601*, A120.

Bryson, S., et al. (2020). The occurrence of rocky habitable-zone planets around solar-like stars from Kepler data. *The Astronomical Journal, 161*(1), 36.

Cover, V. G. R. (2023). https://voyager.jpl.nasa.gov/galleries/making-of-the-golden-record/#gallery-1.

Dot, P. B. (2023). https://photojournal.jpl.nasa.gov/catalog/PIA23645.

ESO. (2022). https://www.eso.org/public/news/eso2202/.

Gillessen, S., et al. (2009). Monitoring stellar orbits around the massive black hole in the galactic center. *The Astrophysical Journal, 692*(2), 1075.

Greetings. (2023). https://voyager.jpl.nasa.gov/golden-record/whats-on-the-record/greetings/.

Hoang, T., & Loeb, A. (2020). Destruction of molecular hydrogen ice and implications for 1I/2017 U1 (Oumuamua). *The Astrophysical Journal Letters, 899*(2), L23.

Images. (2023). https://voyager.jpl.nasa.gov/golden-record/whats-on-the-record/images/.

Jupiter. (2023). https://voyager.jpl.nasa.gov/galleries/images-voyager-took/jupiter/#gallery-6.

Loeb, A. (2021a). Extraterrestrial: The first sign of intelligent life beyond earth, Houghton Mifflin.

Loeb, A. (2021b). https://lweb.cfa.harvard.edu/~loeb/FOCUS_21.pdf.

Loeb, A. (2021c). On the Possibility of an Artificial Origin for Oumuamua. arXiv preprint arXiv:2110.15213.

Long, K. F. (2012). *Deep space propulsion: A roadmap to interstellar flight*. Springer.

Lubin, P. (2016). A roadmap to interstellar flight. arXiv preprint arXiv:1604.01356.

Micheli, M., et al. (2018). Non-gravitational acceleration in the trajectory of 1I/2017 U1 (Oumuamua). *Nature, 559*(7713), 223–226.

Music. (2023). https://voyager.jpl.nasa.gov/golden-record/whats-on-the-record/music/.

NASA. (2023a). https://mars.nasa.gov/all-about-mars/facts/.

NASA. (2023b). https://voyager.jpl.nasa.gov/mission/status/.

NASA. (2023c). https://www.jpl.nasa.gov/news/nasa-learns-more-about-interstellar-visitor-oumuamua.

NASA/JPL. (2023a). https://voyager.jpl.nasa.gov/golden-record/golden-record-cover/.

NASA/JPL. (2023b). https://voyager.jpl.nasa.gov/mission/science/jupiter/.

Observatory, C. X.-R. (2022). https://chandra.harvard.edu/photo/2004/proxima/.

Record, M. o. t. G. (2023). https://voyager.jpl.nasa.gov/galleries/making-of-the-golden-record/#gallery-32.

Record, V. G. (2023). https://voyager.jpl.nasa.gov/golden-record/making-of-the-golden-record/#gallery-2.

Sagan, C. (1979). *Murmurs of earth: The Voyager interstellar record*. Ballantine Books.

Sounds. (2023). https://voyager.jpl.nasa.gov/golden-record/whats-on-the-record/sounds/.

Trilling, D. E., et al. (2018). Spitzer observations of interstellar object 1I/'Oumuamua. *The Astronomical Journal, 156*(6), 261.

Vazan, A., & R. e. Sari,. (2020). On the aspect ratio of' Oumuamua: Less elongated shape for irregular surface properties. *Monthly Notices of the Royal Astronomical Society, 493*(2), 1546–1552.

Walter, D., et al. (2015). Exit from dormancy provokes DNA-damage-induced attrition in haematopoietic stem cells. *Nature, 520*(7548), 549–552.

Zeitlin, C., et al. (2013). Measurements of energetic particle radiation in transit to Mars on the Mars science laboratory. *Science, 340*(6136), 1080–1084.

# 16

# Die Schönheit einer Theorie

*Zwei Dinge sind zu unserer Arbeit nötig. Unermüdliche Ausdauer und die Bereitschaft, etwas, in das man viel Zeit und Arbeit gesteckt hat, wieder wegzuwerfen.*

*(Albert Einstein)*

Der Begriff „Theorie" sorgt außerhalb der Wissenschaft oft für Verwirrung. Dabei sind Theorien, die von der wissenschaftlichen Gemeinschaft aufgrund ihrer hohen Vorhersagekraft und Beständigkeit anerkannt wurden, nahezu gleichzusetzen mit „Fakten" oder „Tatsachen". Neben der Evolutionstheorie ist die allgemeine Relativitätstheorie – so absonderlich sie auch klingen mag – wohl eine der bekanntesten wissenschaftlichen Theorien und aus unserer Realität nicht mehr wegzudenken.

Ohne Berücksichtigung der Dehnbarkeit der Zeit (sog. Zeitdilatation) würde beispielsweise das GPS-Navigationssystem nicht funktionieren (Global Positioning System). Die GPS-Satelliten, die mit einer Geschwindigkeit von 14.000 km/h unsere Erde in 20.200 km Höhe umkreisen, senden kontinuierlich codierte Radiosignale aus, die von Navigationssystemen auf der Erde empfangen werden. Da mehrere dieser GPS-Satelliten gleichzeitig ihre Position und Uhrzeit senden, können die Empfangsgeräte anhand der Laufzeit der Signale daraus mit sehr hoher Genauigkeit ihre eigene Position und Fahrtrichtung berechnen.

In den GPS-Satelliten befinden sich zu diesem Zweck extrem genaue Atomuhren, die allerdings schon auf der Erde, unter Berücksichtigung der speziellen und allgemeinen Relativitätstheorie, so eingestellt werden müssen, dass sie in ihrer finalen Flughöhe und Umlaufgeschwindigkeit zeitgleich mit den Uhren auf der Erde laufen (Physik, 2023). Erst als die Entwickler des GPS (das amerikanische Militär) die allgemeine Relativitätstheorie berücksichtigten, funktionierte die Navigation mittels GPS. Ohne Einsteins Relativitätstheorie würde das GPS-Navigationssystem mit jedem weiteren Tag um 10 km von der exakten Ortsbestimmung abweichen (Bührke, 2015). Nach ein paar Wochen wüsste Ihr Navi nicht einmal mehr, in welchem Bundesland oder sogar Land sie sich gerade befinden.

Auf unserer Erdoberfläche und mit den im Alltag üblichen Geschwindigkeiten sind die Einflüsse von Gravitation und Geschwindigkeit auf die Zeit vernachlässigbar klein. Nur extrem genaue Atomuhren können bei sehr hoher Geschwindigkeit oder in riesiger Höhe die Zeitdilatation nachweisen, die sich als Abweichung von einer Referenzuhr bemerkbar macht.

Heute sind Newtons Gesetze als Grenzfall in der allgemeinen Relativitätstheorie enthalten – das heißt, sie liefern für alltägliche Fragestellungen ausreichend exakte Werte. Dennoch wäre es theoretisch möglich, auch alltägliche Fragestellungen mit der allgemeinen Relativitätstheorie zu beantworten – wenngleich dies aufgrund der Einfachheit von Newtons Gravitationsgesetz ziemlich unpraktikabel wäre.

Ebenso wie Newtons Gesetze als Grenzfall in der allgemeinen Relativitätstheorie enthalten sind, müssten sowohl die allgemeine Relativitätstheorie als auch die Quantenmechanik gleichermaßen in einer einheitlichen Theorie enthalten sein, die als Kandidat für eine übergeordnete „Weltformel" infrage käme. Universale Anwendbarkeit und höchste Treffsicherheit bei der Vorhersage von natürlichen Phänomenen verleihen wissenschaftlichen Theorien einen Hauch von Schönheit. Die allgemeine Relativitätstheorie erfüllt diese Anforderungen. Da sie außerdem kurz und symmetrisch ist, verkörpert sie das absolute Sinnbild dessen, was Physiker unter einer vollkommenen Formel verstehen.

Ich möchte an dieser Stelle kurz auf die interessantesten Punkte der speziellen und allgemeinen Relativitätstheorie eingehen, da sie unsere Sicht auf die Welt in einer Weise verändert, wie es bisher nur wenige Theorien vermocht haben. Ihre universale Gültigkeit fordert geradezu, dass auch Nicht-Physiker ihre bedeutendsten Aussagen kennen.

## 16.1 Eine Revolution mit Bleistift und Papier

Alles begann mit der einfachen, aber interessanten Tatsache, dass es keine schnellere Geschwindigkeit als die Lichtgeschwindigkeit gibt. Dies war überraschenderweise auch schon lange vor Albert Einstein bekannt. Der dänische Astronom Olaf Römer fand bereits 1676 heraus, dass die Lichtgeschwindigkeit endlich ist. Jedoch erfasste die wissenschaftliche Gemeinschaft zu jener Zeit noch lange nicht die volle Tragweite einer solchen fixen Obergrenze. Der deutsche Physikprofessor Adalbert Pauldrach bezeichnet es in seinem Buch *Das dunkle Universum* als einen der größten Verdienste Albert Einsteins, dass er „die zurechtgeschneiderte Verkrustung aufbrach, dass man sich die über Jahrhunderte hinweg geliebte subjektive Wahrnehmung einer absoluten Zeit nicht durch objektive Beobachtungen kaputt machen lassen wolle" (Pauldrach, 2015). Denn aus einer endlichen Grenzgeschwindigkeit des Lichts ergibt sich zwangsweise ein „veränderbarer" Fluss der Zeit, auch „Zeitdilatation" genannt.

Licht bewegt sich im luftleeren Raum immer mit der gleichen Geschwindigkeit von 299.792 km pro s – was kaum vorstellbaren 1,08 Mrd. Kilometern pro Stunde entspricht. Da sich nichts schneller als mit Lichtgeschwindigkeit bewegen kann, ist Lichtgeschwindigkeit die höchste Geschwindigkeit, die wir kennen. Das scheint unlogisch und gegen jede Intuition, denn man ist geneigt zu denken, dass man ja bei jeder Geschwindigkeit immer noch einmal etwas mehr „beschleunigen" könnte. Für die Lichtgeschwindigkeit gilt diese Annahme jedoch nicht. Unabhängig vom Bewegungszustand der Lichtquelle oder eines Beobachters reist es stets mit 299.792 km/s.

Die Konstanz der Lichtgeschwindigkeit ist eine geniale Feststellung, die unzählige physikalische Phänomene erklärte und vorhersagte. Sie ist nach dem „Relativitätsprinzip", das besagt, dass alle ruhenden oder gleichmäßig bewegten Systeme (Inertialsysteme) gleichberechtigt sind, das zweite Postulat in Albert Einsteins spezieller Relativitätstheorie.

In unserem Alltag sind die meisten Geschwindigkeiten relativ, das bedeutet, sie sind, je nach Betrachter, verschieden. Nehmen wir das einfache und häufige Beispiel eines Autofahrers, der mit 100 km/h auf der Autobahn unterwegs ist. Auf der Gegenspur kommt ihm ein Lkw mit 80 km/h entgegen. Für den Autofahrer wirkt es, als ob ihm der Lkw mit 180 km/h entgegen kommt. Anders ist dies jedoch bei der Lichtgeschwindigkeit: Da die Lichtgeschwindigkeit konstant ist und nicht relativ, kann sie nicht mit anderen Geschwindigkeiten „summiert" werden, wie wir es eben mit den Fahrzeugen auf der Autobahn gemacht haben. Ein Lichtstrahl, der von Physikern um die Welt geschickt wird, ist immer gleich schnell – egal, ob er entgegen oder mit der Erddrehung geschickt wird. Man kann die Lichtgeschwindigkeit nicht mit der Geschwindigkeit summieren, mit der sich die Erde diesem Strahl entgegen bewegt. Dies würde der Grundannahme widersprechen, dass die Lichtgeschwindigkeit die höchste existierende Geschwindigkeit ist. Das Licht kann sich einfach nicht schneller fortbewegen als mit Lichtgeschwindigkeit.

Da vor über hundert Jahren die Möglichkeiten für Experimente mit hohen Geschwindigkeiten oder mit Schwerelosigkeit sehr begrenzt waren, arbeitete Albert Einstein fast ausschließlich mit Gedankenexperimenten. Seine imaginären Fragestellungen plagten ihn oft Jahre bis Jahrzehnte, bevor er endlich einen erlösenden Einfall hatte. Eines dieser Gedankenexperimente war die Grundlage für das Konzept der „Zeitdilatation".

Albert Einstein stellte sich eine Art „Lichtuhr" vor, die aus zwei gegenüberliegenden Spiegeln besteht, zwischen denen ein Lichtimpuls hin und her gesendet wird (Abb. 16.1). Im Stillstand kann ein außenstehender Beobachter nichts Besonderes feststellen: Der Lichtstrahl fliegt zwischen den zwei Spiegeln, die beispielsweise in einem Abstand von einem Meter auseinanderstehen, immer mit derselben Geschwindigkeit und innerhalb derselben Zeit hin und her. Interessant wird es erst, wenn man diese Lichtuhr in Bewegung versetzt, beispielsweise wenn sie auf einer festen Umlaufbahn und mit hoher Geschwindigkeit um die Erde kreist.

Für einen auf der Erde zurückgebliebenen Beobachter wirkt es nun, als ob der Lichtstrahl auf seinem Weg von einem Spiegel zum anderen eine viel weitere Strecke zurücklegen muss, denn die Spiegel bewegen sich mit hoher Geschwindigkeit – auch während der Lichtstrahl unterwegs ist. Abb. 16.1 zeigt den aus der Sicht eines ruhenden Beobachters verlängerten Weg des Lichts.

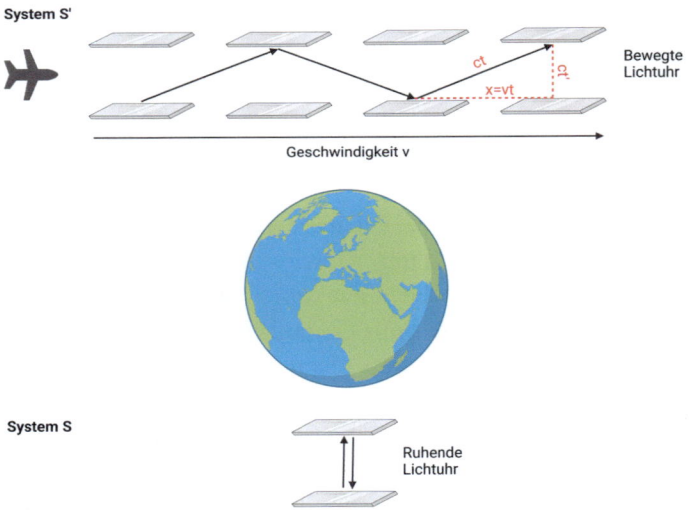

**Abb. 16.1** Eine ruhende Lichtuhr aus zwei gegenüberliegenden Spiegeln (unten) und eine mit hoher Geschwindigkeit bewegte Lichtuhr (oben). Für einen Beobachter auf der Erde (System S) legt das Licht zwischen den Spiegeln der bewegten Lichtuhr eine längere Strecke zurück als für einen Beobachter innerhalb des bewegten Systems S', für den sich die Lichtuhr wie in Ruhe verhält. Aufgrund der Konstanz der Lichtgeschwindigkeit und der Gleichwertigkeit aller Inertialsysteme (spezielle Relativitätstheorie) muss die Zeit der einzig variable Faktor in dieser Gleichung sein. (Die Abbildung wurde erstellt mit BioRender.com 2023)

Nun kommt Einsteins revolutionärer Gedanke: Wenn man sich vorstellt, dass die Lichtuhr an einem Flugzeug befestigt ist, was sieht dann der Pilot oder ein Passagier? Da sich jede Person an Bord mit derselben Geschwindigkeit fortbewegt wie das Flugzeug mit der Lichtuhr, läuft die Lichtuhr für sie vollkommen „normal", das heißt so wie in einem ruhenden System. Da nach Einsteins spezieller Relativitätstheorie nicht nur die Lichtgeschwindigkeit konstant ist, sondern auch alle „Inertialsysteme" (alle ruhenden und gleichmäßig bewegten Systeme) gleichwertig sind, bedeutet das: Beide Beobachtungen müssen stimmen. Die Strecke zwischen den Spiegeln wirkt für Beobachter in den jeweiligen Systemen S und S' identisch.

Dennoch hat das Licht zwischen den bewegten Spiegeln für einen Beobachter auf der Erde eine längere Strecke zurückgelegt (Abb. 16.1: Lichtgeschwindigkeit c mal der Zeit t im Vergleich zu der Lichtgeschwindigkeit c mal der Zeit t' an Bord des Flugzeugs). Ein veränderbarer Fluss der Zeit ist die einzige Lösung für dieses scheinbar unlösbare Problem. Für einen Beobachter auf der Erde läuft die Zeit in der Lichtuhr und im Flugzeug verlangsamt. Für die Piloten und Passagiere, die mit dem Flugzeug um die Welt fliegen, vergeht die Zeit jedoch vollkommen normal. Für sie scheint die Zeit auf der Erde stattdessen schneller zu vergehen. Würde man eine ganze Weile so um die Erde fliegen, wäre man bei der Landung tatsächlich etwas weniger gealtert als die Verwandten und Bekannten auf der Erde.

Wenn man die Geschwindigkeit kennt, mit der sich die Lichtuhr bewegt, sowie die Strecke zwischen den beiden Spiegeln, die das Licht zurücklegen muss, kann man mit dem Wert der Lichtgeschwindigkeit und dem Satz von Pythagoras die Formel für die Zeitdilatation herleiten (Abb. 16.1: Dreieck aus den gestrichelten roten Linien).

Die spezielle Relativitätstheorie beschäftigt sich also mit ruhenden und gleichmäßig bewegten Systemen und erklärt, warum die Zeit an Bord eines Raumschiffs, das mit hoher Geschwindigkeit durch den Weltraum reist, von der Erde aus betrachtet langsamer verläuft. Dieser Punkt ist für die Raumfahrt besonders interessant, weil er entfernte Reiseziele in bewältigbare Dimensionen rückt. Bei sehr hohen Reisegeschwindigkeiten arbeitet uns die Zeitdilatation in die Hände, da sie das Erreichen von weit entfernten Zielen im Universum innerhalb eines Menschenlebens möglich machen kann. Dies gilt allerdings nur für die Astronauten an Bord des Raumschiffs. Wenn sie nach einigen Jahren zur Erde zurückkehren, wäre es fragwürdig, was sie auf der Erde erwartet, wo inzwischen viele Tausend Jahre vergangen sind.

## 16.2 Die Krone der Physik

Einsteins spezielle Relativitätstheorie beschäftigt sich also mit ruhenden und gleichmäßig bewegten Systemen und fordert eine konstante Lichtgeschwindigkeit und die Gleichwertigkeit aller Inertialsysteme, woraus sich zwangsweise die Zeitdilatation bei hohen Geschwindigkeiten ergibt. Wie aber sieht es mit beschleunigten Systemen aus?

Diese Frage beschäftigte Albert Einstein nach Veröffentlichung der speziellen Relativitätstheorie weiterhin unnachgiebig. Er fand ihre Antwort in einem erneuten Geniestreich und formulierte seine berühmte allgemeine Relativitätstheorie. Anders als für die spezielle Relativitätstheorie musste Einstein sich für die allgemeine Relativitätstheorie in völlig neue und komplexe Gebiete der Mathematik einarbeiten. Bis zu ihrer Vollendung vergingen zehn weitere mühevolle Jahre.

## 16 Die Schönheit einer Theorie

Der Schlüssel zu Albert Einsteins weltberühmter Formel lag in der erstaunlichen Erkenntnis, dass Schwerkraft und Beschleunigung äquivalent sind – was bedeutet: Man kann sie nicht voneinander unterscheiden. Das wirkt zuerst verwunderlich, jedoch sind auch die grundlegenden Aussagen der allgemeinen Relativitätstheorie für Laien leicht nachvollziehbar.

Die Gleichwertigkeit von Beschleunigung und Gravitation ist bekannt als sogenanntes Äquivalenzprinzip. Auch dieser erstaunlichen Erkenntnis ging ein ebenso simples wie auch brillantes Gedankenexperiment voraus: Einstein stellte sich vor, er befinde sich in einem geschlossenen Karton und würde aus unerklärlichem Grund an dessen Decke gepresst. Es wäre für ihn unmöglich zu unterscheiden, ob dies geschieht, weil der Karton fällt oder aber weil der Karton in der Schwerelosigkeit in Richtung seiner Füße hin beschleunigt wird (Bührke, 2015).

Auch bei Newton wird die Schwerkraft durch die Masse mal der Beschleunigung beschrieben ($F = mg$, im Fall der Erdbeschleunigung $g$). Aber Einsteins Prinzip war vollkommen neuartig und lieferte erstmals auch eine Erklärung dafür, was Schwerkraft eigentlich ist. Seit etwa hundert Jahren wissen wir, dass Schwerkraft durch eine Krümmung der Raumzeit entsteht, zu deren Veranschaulichung meist ein elastisches Netz dient. Gegenstände fallen nicht, weil sie durch irgendeine unsichtbare und unerklärbare Kraft angezogen werden. Gegenstände fallen, weil sie sich entlang des verformten Netzes der Raumzeit bewegen. Kein Gegenstand fällt einfach „nach unten" – alle Objekte bewegen sich „entlang" der Raumzeit und erfahren immer dort eine Beschleunigung, wo diese sich krümmt – also in der Nähe von besonders massereichen Objekten wie Planeten oder Sternen.

Es ist daher aus physikalischer Sicht passender, von einer „Gravitationswirkung" zu sprechen als von

„Gravitationskraft" oder „Schwerkraft", da Gravitation eben keine durch den Raum wirkende und in unerklärbarer Weise an einem Objekt „ziehende" Kraft ist. Gravitation „ist" der gekrümmte Raum, in dem sich alle anderen Kräfte und Reaktionen abspielen. Die Gravitation als gekrümmte Raumzeit gibt die Bewegung der Materie vor, die sich in ihr befindet – und die Materie bewirkt wiederum selbst eine Verformung der Raumzeit. Dieses gegenseitige Wechselspiel ist, neben der Äquivalenz von Energie und Materie, eine der Ursachen, weshalb Einsteins Feldgleichungen der allgemeinen Relativitätstheorie zu dem Komplexesten gehören, was die theoretische Physik zu bieten hat (Bührke, 2015). Selbst moderne Supercomputer kommen bei ihr ins Schwitzen und brauchen nicht selten Monate, um ihre Gleichungen zu lösen.

Aus der allgemeinen Relativitätstheorie ergibt sich durch die Äquivalenz von Gravitation und Beschleunigung eine weitere interessante Tatsache: nämlich, dass sich die Zeit auch in der Nähe massereicher Objekte, die eine starke Krümmung der Raumzeit bewirken, verlangsamt. Man ist auf dem Gipfel des Mount Everest nicht nur ungefähr 0,3 % leichter als am Meer, sondern die Zeit vergeht auf dem Dach der Welt auch schneller. Da die Gravitation (bzw. die Erdbeschleunigung) mit zunehmendem Abstand von der Erde abnimmt, vergeht die Zeit auf Höhe des Meeresspiegels langsamer als in den Bergen (Abb. 16.2).

Die Zeitabweichung ist für die Höhenunterschiede auf unserer Erdoberfläche allerdings sehr gering. Ein Mensch, der sein gesamtes Leben in den Bergen verbringt, wäre am Ende seines Lebens nur Sekundenbruchteile schneller gealtert als ein Mensch, der sein Leben am Meer verbracht hat. Dennoch ist der Unterschied mit sehr genauen Atomuhren messbar. Bereits nach wenigen Stunden lässt sich zwischen einer Atomuhr, die auf dem Boden steht, und

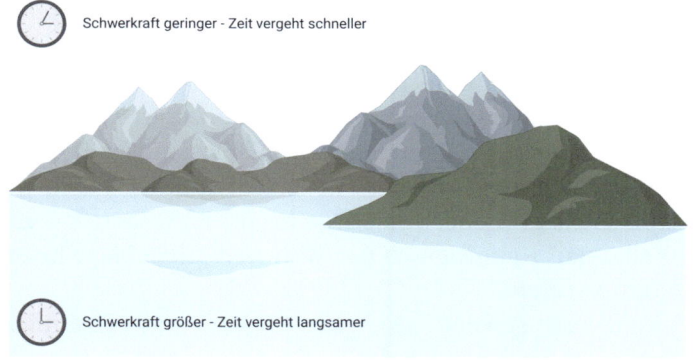

**Abb. 16.2** Mit zunehmender Höhe lässt die Gravitation bzw. die Erdbeschleunigung nach. Im Gebirge ist die Gravitation daher schwächer und die Zeit vergeht geringfügig schneller als auf Meeresniveau. (Die Abbildung wurde erstellt mit BioRender.com (BioRender, 2023))

einer Atomuhr auf einem Tisch daneben ein Unterschied nachweisen. Die Uhr auf dem Tisch ist etwas weiter von der Erde entfernt als die Uhr am Boden. Da sie also auch einer minimal geringeren Gravitation ausgesetzt ist als die Uhr am Boden, vergeht die Zeit in dieser Uhr schneller.

Im astronomischen Größenbereich werden die Auswirkungen der Zeitdilatation erst richtig beeindruckend. Wenn es uns gelänge, mit einem Raumschiff in die Nähe eines schwarzen Lochs zu kommen, ohne „verschluckt" zu werden, dann würde sich die Zeit kurz vor unserem Eintritt in den Ereignishorizont so stark verlangsamen, dass sie nahezu stillstände. Für uns würde sie normal vergehen, aber für einen weit von dem schwarzen Loch entfernten Beobachter würden wir nicht mehr altern. Nahe des Ereignishorizonts könnten wir uns zurücklehnen und am Himmel über uns viele Milliarden Jahre der Expansion und Evolution unseres Universums im Zeitraffer beobachten. Der Himmel wäre übersät von einem gewaltigen Feuerwerk aus Supernova-Explosionen und dem Aufflackern neugeborener Sterne. Mit der Zeit würden die Galaxien immer weiter auseinanderdriften und ihre Leuchtkraft verlieren. Nach unserer heutigen Vorstellung eines expandierenden Universums würde es immer kälter und dunkler werden. Und was geschieht dann? Geht es wieder von vorne los oder war es das – ein für alle Mal? Kein Mensch der Welt weiß diese Frage heute zu beantworten.

Man ist geneigt sich zu fragen, was eigentlich schwieriger zu begreifen ist – die Auswirkungen der allgemeinen Relativitätstheorie für unser Verständnis der Welt oder die Tatsache, dass ein Mensch diese weltverändernden Erkenntnisse ganz ohne Computer an einem Schreibtisch nur mit Bleistift und Papier erarbeitet hat. Tatsächlich ist das Verwunderlichste aber, dass Albert Einstein für seine allgemeine Relativitätstheorie nicht mit dem Nobelpreis ausgezeichnet wurde. Zwar erkannte das Nobelkomitee Albert Einsteins offensichtlich herausragenden wissenschaftlichen Leistungen an, allerdings haderten einige Mitglieder des Komitees mit ihren zum Teil exotisch anmutenden und zu jener Zeit noch nicht bestätigten Konsequenzen (Zeilinger, 2005).

Das Nobelkomitee einigte sich schließlich darauf, Albert Einstein im Jahr 1921 den Nobelpreis für Physik zu verleihen. Geehrt wurde allerdings nicht seine berühmte Relativitätstheorie, sondern seine Arbeit zur Erklärung des sogenannten photoelektrischen Effekts. Darin beschrieb Einstein erstmals das Lichtteilchen, das wir heute Photon nennen, was ihn auch gleichzeitig zu einem der Gründungsväter der Quantenmechanik macht.

Obwohl die anderen Leistungen Albert Einsteins heute weniger populär sind als seine Relativitätstheorie, haben sie unsere Welt nicht weniger geformt. Mit gerade einmal 26 Jahren veröffentlichte er im Jahr 1905 mehrere

Arbeiten, die allesamt einen Nobelpreis verdient hätten. Er bestimmte beispielsweise erstmals anhand der Brownschen Molekularbewegung die Größe von Atomen und wies somit auch gleich deren Existenz nach.

Einsteins besondere Gabe bestand offensichtlich darin, die Welt wiederholt und an völlig unerwarteten Stellen zu hinterfragen – auch oder „gerade" dort, wo kaum jemand einen Forschungsbedarf sah. Die Menschheit war mit Newtons Gravitationsgesetz zufrieden. Die Tatsache, dass niemand wirklich verstand, was Gravitation eigentlich ist, schien angesichts solch eines zuverlässigen und einfachen Gesetzes nebensächlich (Bührke, 2015).

Einstein erkannte Gleiches in Unterschiedlichem und sah Symmetrie im Durcheinander. Er zerlegte den Lichtstrahl in Teilchen und unsere Welt in Atome. Mit seiner allgemeinen Relativitätstheorie vereinte er Zeit und Raum zu einer 4-dimensionalen Raumzeit und stellte sie in einer kurzen schlichten Gleichung der Energie und Materie gegenüber.

Wir entwickeln unaufhörlich leistungsfähigere Messinstrumente und Teleskope. Alle zeigen uns, dass Albert Einstein recht hatte. Wie lange hätte es wohl ohne ihn gedauert, bis jemand auf dieselben revolutionären Ideen gekommen wäre? Und wie weit wären wir als Menschheit, wenn nicht nur wenige, sondern viele Menschen eine vergleichbare Begabung oder Neugier besäßen? Oder künstliche Intelligenzen irgendwann die kreative Schöpfung wissenschaftlicher Theorien übernehmen würden?

Künstliche Intelligenz mag inzwischen gut formulierte Hausaufsätze für unmotivierte Schulkinder schreiben. Von der Kunst, neuartige wissenschaftliche Konzepte und Theorien mittels Intuition oder Kreativität zu schöpfen, ist sie jedoch noch weit entfernt. Diese Gabe bleibt vorerst und auf unbestimmte Zeit nur uns Menschen vorbehalten.

## 16.3 Der Beweis

Den finalen experimentellen Beweis für die Gültigkeit der allgemeinen Relativitätstheorie erbrachte schlussendlich ein Team von britischen Physikern kurz nach dem Ende des ersten Weltkriegs. Am 29. Mai 1919 ergab sich die einmalige und von Einstein lang ersehnte Gelegenheit, die von der Relativitätstheorie vorhergesagte gravitative Ablenkung des Lichts in der Nähe eines extrem massereichen Objekts zu bestätigen: Es war der Tag einer totalen Sonnenfinsternis.

Besonders geeignet für diesen wichtigen Nachweis schienen die „Hyaden", eine Gruppe von Sternen, die zum Zeitpunkt der Sonnenfinsternis genau hinter der Sonne versteckt lag. Die Wissenschaftler erhofften sich, den von der Relativitätstheorie vorhergesagten gekrümmten Verlauf des Sternenlichts während der totalen Sonnenfinsternis von zwei verschiedenen Standpunkten aus beobachten und messen zu können (Abb. 16.3). Während sechs schonungslos kurzen Minuten und 51 s, in denen die Wissenschaftler mit Bewölkung und unscharfen Aufnahmen zu kämpfen hatten, entstand eine Reihe brauchbarer Bilder, die unsere Welt für immer verändern sollten.

Mit einer gemessenen Lichtablenkung von 1,98 Bogensekunden in Brasilien und 1,61 Bogensekunden in Afrika bestätigten die Ergebnisse im Schnitt die Vorhersage Albert Einsteins, dass Lichtstrahlen im Gravitationsfeld der Sonne durch die Krümmung der Raumzeit um 1,74 Bogensekunden abgelenkt werden. Es war der erste experimentelle Beweis für eine Krümmung der Raumzeit durch massereiche Objekte und damit auch die Gültigkeit der allgemeinen Relativitätstheorie (Bührke, 2015; SZ, 2019).

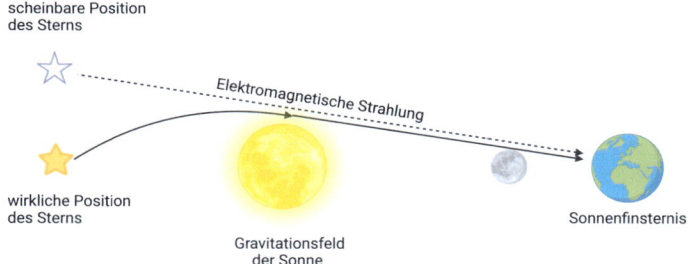

**Abb. 16.3 Gravitationslinseneffekt.** Im Gravitationsfeld der Sonne wird auch Licht von seinem Weg abgelenkt. Von der Erde aus gesehen scheinen die Sterne neben der Sonne zu liegen anstatt hinter der Sonne, wo sie sich in Wirklichkeit befinden. Diese Lichtablenkung lässt sich nur während einer totalen Sonnenfinsternis beobachten, da das intensive Sonnenlicht normalerweise das Licht dahinterliegender Sterne überstrahlt. (Die Abbildung wurde erstellt mit BioRender.com (BioRender, 2023))

Für die britischen Physiker war die Tatsache unwesentlich, dass Einstein Staatsbürger eines Landes war, das gerade die gesamte Welt in einen furchtbaren Krieg gestürzt hatte. Sie verfolgten seine Arbeiten mit Neugier und antworteten in der Sprache der wissenschaftlichen Methode. Wäre Wissenschaft nicht liberal, wäre eines der größten Genies der Weltgeschichte möglicherweise in der zermarternden Ungewissheit gestorben, ob seine Theorie im finalen Test mit der Realität bestehen wird.

# Literatur

BioRender. (2023). https://www.biorender.com.
Bührke, T. (2015). *Einsteins Jahrhundertwerk: Die Geschichte einer Formel*. dtv.
Pauldrach, A. W. (2015). *Das Dunkle Universum*. Springer.

Physik, W. d. (2023). https://www.weltderphysik.de/gebiet/erde/erde/gps/.
SZ. (2019). https://www.sueddeutsche.de/wissen/einstein-sonnenfinsternis-relativitaetstheorie-principe-eddington-1.4465884-2.
Zeilinger, A. (2005). *Einsteins Spuk*. C. Bertelsmann.

# 17

# Die Suche nach der Weltformel

*Jedes Naturgesetz, das sich dem Beobachter offenbart, lässt auf ein höheres, noch unerkanntes schließen.*

(Alexander von Humboldt)

Trotz ihrer fortschrittlichen Technologien und gigantischen finanziellen Fördermittel hat die Physik seit über einem Jahrhundert ein grundlegendes Problem. Sie basiert auf verschiedenen großen Theorien zur Beschreibung unserer Natur, die bisher unvereinbar sind. Weder die Relativitätstheorie noch die Quantenphysik vermag die Gravitation, den Elektromagnetismus sowie die starke und schwache Kernkraft einheitlich zu beschreiben. Eine „Theorie von allem" oder „Weltformel" müsste alle vier Kräfte der Natur gleichermaßen zutreffend beschreiben, durch Beobachtungen nachweisbar sein und in Experimenten richtige Vorhersagen liefern. Obwohl die Relativitätstheorie und die Quantenmechanik für ihren jeweiligen Einsatzbereich im Großen und im mikroskopisch Kleinen bisher unübertroffen sind, haben beide dennoch ihre Schwachstellen.

Diese Schwachstellen treten als Situationen in Erscheinung, in denen physikalische Größen, wie beispielsweise die Dichte, unendlich groß werden. Solche Extremsituationen können weder durch die Relativitätstheorie noch mithilfe der Quantenmechanik erklärt werden. Sie werden in der Mathematik und Physik als „Singularität" bezeichnet, wie beispielsweise der Urknall oder schwarze Löcher.

Eine etwas anschaulichere Singularität ist das Durchbrechen der Schallmauer von einem Überschallflugzeug oder Düsenjet, die sogenannte Prandtl-Glauert-Singularität. Während der Düsenjet beschleunigt, verdichten sich in Flugrichtung durch den Doppler-Effekt die Schallwellen an der Spitze des Flugzeugs. Während die Dichte der Schallwellen sich mit Annäherung an die Schallgeschwindigkeit mathematisch der Unendlichkeit annähert, passiert in Wirklichkeit etwas anderes: Das Flugzeug durchbricht die Schallmauer beim Erreichen der Schallgeschwindigkeit von 343,2 m/s mit einem lauten Knall. Es fliegt nun mit Überschallgeschwindigkeit (Moore, 2018).

Dort wo sich theoretisch oder mathematisch Singularitäten befinden, passieren in Wirklichkeit andere Dinge. In einigen Fällen, beispielsweise im Inneren von schwarzen Löchern, können wir diese bisher aber noch nicht ausreichend erforschen.

## 17.1 Das Geheimnis der Singularitäten

In Wirklichkeit bedeuten Formeln mit unendlich hohen Ergebniswerten in der Physik also, dass irgendetwas nicht stimmt und die mathematische Formel in diesem besonderen Fall die Realität nicht richtig widerspiegeln kann. Während es in der Mathematik durchaus möglich ist, dass bestimmte Rechenoperationen Werte ergeben, die unendlich groß werden, stellen manche dieser Situationen, wie beispielsweise die unendlich hohe Dichte in einem schwarzen Loch oder kurz vor dem Urknall, in der Physik ein Problem dar. Sie sind eine physikalische Unmöglichkeit.

Physiker haben daher eine ganz besondere Vorliebe für diese Singularitäten. In ihnen verborgen lauern vielleicht Erklärungen für die größten ungelösten Rätsel der Wissenschaft. Ein Blick in das Innenleben eines schwarzen Lochs könnte Antworten zu der Frage liefern, was den Urknall ausgelöst hat und wie Relativitätstheorie und Quantenphysik möglicherweise zusammenhängen (Abb. 17.1).

Was die Erforschung schwarzer Löcher so schwierig macht, ist die Tatsache, dass wir nicht in sie hineinblicken können. Wenn man sich einem schwarzen Loch nähert, nimmt die Gravitation immer weiter zu, bis irgendwann nicht einmal mehr Licht seiner Anziehung entkommen kann – und somit auch keine andere Form von elektromagnetischer Strahlung, wie beispielsweise Funk- oder Radarwellen. Diese Grenze wird Ereignishorizont genannt und hat bei statischen schwarzen Löchern die Form einer Kugeloberfläche, deren Radius Schwarzschild-Radius genannt wird. Bei rotierenden schwarzen Löchern hat er die Form eines Rotationsellipsoids. Nichts, was diesen Beobachtungshorizont überquert, kommt jemals wieder heraus.

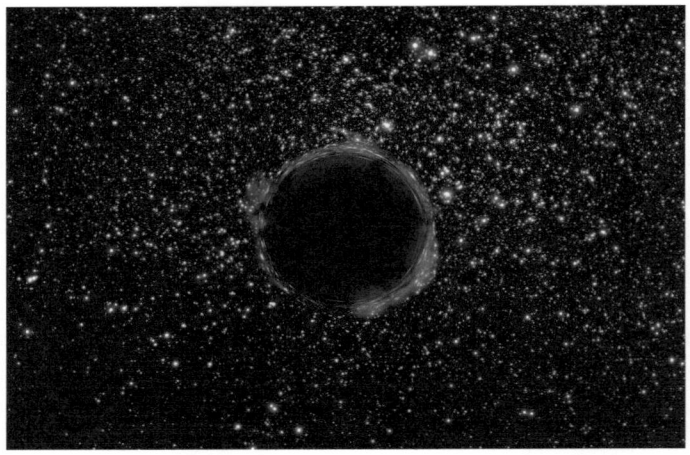

**Abb. 17.1** Illustration eines schwarzen Lochs in einem Kugelsternhaufen. (Quelle: NASA, Greg T. Bacon (STScI), Wikimedia commons, Black hole in a globular Cluster (Illustration), Public domain (Webbtelescope, 2023))

Es ist schon eine enorme Herausforderung, die gewaltige Entfernung zu den uns bekannten schwarzen Löchern zu überwinden. Allerdings wäre dies auch nicht besonders hilfreich – denn Sonden mit Messgeräten in ein schwarzes Loch hineinzuschicken, macht ohnehin keinen Sinn. Wir würden weder Daten noch Antworten erhalten und die teuren und weit gereisten technischen Geräte würden spätestens ab dem Erreichen des Ereignishorizonts durch die enormen Gezeitenkräfte zerrissen – beziehungsweise „spaghettisiert" werden.

Soweit die Theorie. Genau genommen sind sich Physiker aber auch hier nicht wirklich einig. Stephen Hawking hat beispielsweise eine Art von Strahlung postuliert, die sogenannte Hawking-Strahlung, bei der es zumindest einem Teilchen eines Teilchenpaares gelingt, dem schwarzen Loch zu entfliehen. Diese Hawking-Strahlung konnte bisher aber nicht durch Experimente oder Beobachtungen nachgewiesen werden.

Albert Einstein hat sich mit der interessanten Frage beschäftigt, wie sich unsere Berechnungen und Annahmen über schwarze Löcher verändern würden, wenn diese nicht einfach zu einem Punkt mit unendlich hoher Dichte kollabierten (Schwarzschild-Lösung), sondern rotieren würden – das heißt, sich extrem schnell um ihre eigene Achse drehen. In einem rotierenden schwarzen Loch würde die Materie zwar auch durch Gravitationswirkung verdichtet werden, allerdings würde die Fliehkraft der Rotation dieser Verdichtung entgegenwirken. Das Resultat wäre keine punktförmige Singularität, sondern ein Ring aus sehr dichter Materie in dessen Mitte keine unendlich hohe Dichte herrscht. Es wäre sogar möglich, dass Materie durch ein rotierendes schwarzes Loch, wie durch eine Art Tunnel, am anderen Ende wieder austritt. In Analogie zu den schwarzen Löchern wird das theoretische Phänomen, dass Materie aus einem schwarzen Loch wieder austritt, auch „weißes Loch" genannt.

Rotierende schwarze Löcher sind auch der Ausgangspunkt für die hypothetische Existenz von „Wurmlöchern", deren rein mathematische Existenz Albert Einstein gemeinsam mit Nathan Rosen bereits 1935 herausfand und die als „Einstein-Rosen-Brücke" bekannt wurden. Zahlreiche theoretische Physiker, darunter Stephen Hawking und Kip Thorne, haben in den darauffolgenden Jahrzehnten gezeigt, dass diese Wurmlöcher nur unter äußerst exotischen Annahmen stabil wären oder ganz und gar allen bekannten Gesetzen der Physik widersprechen. Angesichts der Allgegenwart von schwarzen Löchern in unserem Universum wäre es zudem verwunderlich, dass noch nie ein „weißes Loch" gesichtet wurde. Immerhin wissen wir inzwischen, dass die meisten schwarzen Löcher tatsächlich rotieren.

## 17.2 Wo liegt das Problem?

Eine einheitliche Theorie, die alle Kräfte der Natur vereint und die unmöglichen Singularitäten aus dem Weg räumt, gilt als „heiliger Gral" der Physik. Das Hauptproblem liegt in der grundlegenden Andersartigkeit der beiden existierenden Theorien. Die allgemeine Relativitätstheorie beschreibt das Verhalten der Raumzeit und betrachtet sowohl den Raum als auch die Zeit nicht als absolut, sondern als veränderlich. Alle anderen physikalischen Gesetze und damit auch die Quantenphysik spielen sich „in" dieser durch die allgemeine Relativitätstheorie beschriebenen Raumzeit ab. In der Quantenmechanik sind sowohl die Zeit als auch der Raum absolut – das heißt: Sie sind nicht veränderbar.

Das Problem liegt darin, dass der Raum sozusagen selbst mit seinem Inhalt vereinheitlicht werden soll. Es ist, als wenn das Rezept für einen Kuchenteig verlangt, dass die Rührschüssel mit dem Teig vermixt werden soll. Die große Frage ist, ob das überhaupt funktionieren kann. In unserem Beispiel wäre eine solche Vereinheitlichung mit ausreichender Kraftanstrengung zweifellos umsetzbar. Man könnte argumentieren, dass das große einheitliche Prinzip hinter einem Kuchenteig und einer Rührschüssel darin besteht, dass beide aus Atomen bestehen. Spätestens auf atomarer Ebene stände einem geschmeidigen Homogenisat also nichts im Wege.

Auf der Suche nach einer Weltformel wäre also zuerst notwendig herauszufinden, ob ein grundlegendes gemeinsames Prinzip zwischen Gravitation und Quantenphysik überhaupt existiert. Es gilt eine Theorie der „Quantengravitation" zu schaffen, der es gelingt, die Gravitation – also die Raumzeit – sozusagen zu „quanteln". Die Raumzeit muss in ihre kleinsten Bestandteile zerlegt werden, falls diese denn überhaupt existieren.

Da die Quantenphysik alle Kräfte als Austausch von Teilchen beschreibt, wie beispielsweise die Photonen als Überträger der elektromagnetischen Kraft, müsste ein entsprechendes Teilchen für die Gravitation existieren, das man „Graviton" nennt. Von der Existenz eines solchen masselosen Teilchens geht beispielsweise die „Stringtheorie" aus.

Obwohl die Stringtheorie viel mediale Aufmerksamkeit genießt, regelmäßig „Bestseller" hervorbringt und große Geldsummen zur Verfügung hat, gibt es bisher jedoch keine Beweise für diese rein mathematische Theorie. Auch sehen manche Physiker die Forderungen der Stringtheorie nach zehn oder elf Dimensionen (M-Theorie), die für uns weder erklärbar noch nachweisbar sind, kritisch.

Prof. Loeb, der durch seine Untersuchungen zu Oumuamua weltweite Bekanntheit erlangte, bezeichnet die rein mathematischen Ideen der Stringtheorie, Supersymmetrie (zu jedem Teilchen existiert ein Antiteilchen), Extradimensionen des Raums, Hawking-Strahlung und Multiversen sogar als unwiderlegbare Modeerscheinungen, deren finanzielle Förderung die Resultate dieser Investitionen in keiner Weise rechtfertigen (Loeb, 2021). Wissenschaftler sollten nicht in ihrem Elfenbeinturm möglichst wilde und unwiderlegbare Theorien schmieden, sondern versuchen überprüfbare Vorhersagen zu machen. Das verlangt aber auch, sich dem Risiko der Irrtums auszusetzen.

## 17.3 Urknall oder Urprall?

Die Urknall-Theorie gilt momentan als die von Wissenschaftlern anerkannte Theorie und wird gern als Antwort auf den Ursprung von „allem" gesehen. Sie verkörpert gewissermaßen das wissenschaftliche Pendant zur biblischen Schöpfungsgeschichte – dem Buch der Genesis. In Wirklichkeit ist „der Urknall" aber eine Antwort auf „gar nichts". Die Urknall-Theorie ist das eigenwillige Problemkind der Physiker, ohne das alles so einfach sein könnte. Jede physikalische Regel oder Formel muss durch den Flaschenhals des Urknalls hindurchgequetscht werden und am Ende steht man immer wieder vor demselben Problem. Was war davor und was hat ihn ausgelöst? Ist er einzigartig? Oder ist es eine ewige Aufeinanderfolge von Milliarden Jahren der Expansion – gefolgt von Milliarden Jahren der Kontraktion – also einem Zusammenziehen des Universums?

Auch die Idee eines solchen „zyklischen" Universums löst das Problem der „Anfangssingularität" nur scheinbar und wirft andere neue Fragen auf. Auch ein zyklisches Universum könnte einen Anfang haben und möglicherweise irgendwann zum Stillstand kommen. Der theoretische Physiker und Mathematiker Brian Greene argumentiert beispielsweise, dass ein ewig zyklisches Universum dem zweiten Hauptsatz der Thermodynamik widerspricht. Denn gemäß dem zweiten Hauptsatz muss der Grad der Unordnung (auch Entropie genannt) in einem geschlossenen System immer weiter zunehmen.

Dieser wissenschaftlich anmutende Hauptsatz besagt im Prinzip nichts anderes, als dass eine geordnete Struktur von Natur aus nach einer Weile zerfällt, wenn keine Energie von außen diesem Zerfall entgegenwirkt. Um dem Verfall entgegenzuarbeiten, erneuert sich beispielsweise der Organismus eines Menschen fortwährend und nutzt dazu die Energie aus der Nahrung und sauerstoffreichen Atemluft. Man ist, was man isst. Ein Haus, dessen Besitzer niemals die Energie aufwendet aufzuräumen oder zu renovieren, wird im Laufe der Jahre zu einer Immobilie verfallen, für die Immobilienmakler gerne die

Formulierung „zum Wachküssen aus dem Dornröschenschlaf" verwenden.

Die Natur strebt ohne Energiezufuhr dem Zerfall entgegen. Die universale Gültigkeit dieses Hauptsatzes der Thermodynamik verlangt demzufolge nach einem „Uranfang", an dem alle Materie und Strahlung in einem Punkt konzentriert war, bevor der erste Urknall stattfand. Von diesem Punkt ausgehend würden die Zyklen durch eine fortwährende Zunahme der Entropie in Form von immer mehr ungeordneten Partikeln und Strahlung mit jedem Mal länger. Das System käme nach einer unbekannten Anzahl von Zyklen letztendlich zum Stillstand, da keine geordneten Strukturen wie Galaxien oder Atome mehr existieren. Es hätte den Zustand der maximalen Entropie erreicht.

Diese Regeln gelten allerdings nur für ein geschlossenes System, das keine Energiezufuhr von außen erhält. Die Erde zum Beispiel ist in diesem Sinne kein geschlossenes System, da das Leben auf der Erde durch die Kraft der Sonne gespeist wird, welche die Energie zum Erhalt der Ordnung innerhalb der Lebensformen liefert. Falls unser Universum aber nur eines von vielen weiteren Universen ist (wie es beispielsweise die Stringtheorie fordert) und mit all diesen anderen Universen in einer Art „Hyperspace" umhertreibt, wäre es theoretisch möglich, dass unser Universum mit diesem „Hyperspace" in einem energetischen Austausch steht – beispielsweise über Gravitation. Daher ist es fragwürdig, ob eine Regel wie der zweite Hauptsatz der Thermodynamik überhaupt auf unser Universum angewendet werden kann, solange wir nicht wissen, ob es sich überhaupt um ein geschlossenes System handelt.

In Anlehnung an die Urknall-Theorie (Big Bang) wird die Idee eines zyklischen Universums auch Urprall-Theorie genannt (Big Bounce). Zu den Urprall-Theorien gehört die Theorie der „Schleifen-Quanten-Gravitation" (englisch

Loop Quantum Gravity), laut der ein Universum durch Gravitation schrumpft und sich verdichtet, bis es auf der submikroskopischen Ebene der Atome und Quanten – auf der die Gesetze der Gravitation nicht wirken – zu einer Abstoßung kommt und der Zyklus von Neuem beginnt (Bojowald, 2001).

Die Schleifen-Quanten-Gravitation hat einige einleuchtende Vorteile gegenüber anderen Weltformel-Kandidaten. Anders als die Stringtheorie basiert sie lediglich auf einer Vereinigung von Relativitätstheorie und Quantenmechanik und stellt keine zusätzlichen abstrakten Anforderungen, wie beispielsweise zehn oder elf unerklärbare Dimensionen. Sie verlässt sich auf die Gültigkeit der beiden großen etablierten Theorien (Relativitätstheorie und Quantenmechanik) und folgt damit dem erfolgreichen Muster, durch das bisher die größten Leistungen der Physik erarbeitet wurden: durch das Vertrauen in empirische Daten und das Prinzip des Reduktionismus.

Die Schleifen-Quanten-Gravitation beschreibt die Raumzeit und damit die Gravitation selbst als Quanten, die Knoten genannt werden. Diese Knoten sind in einem dynamischen quantenmechanischen Spin-Netzwerk durch Linien verbunden. In diesen Netzwerken, die auch Graphen genannt werden, stehen die Knoten für den Rauminhalt und die Linien für die Fläche. Geht man auf diesen Linien von Punkt zu Punkt in einem Kreis, bis man wieder bei dem ersten Punkt angekommen ist, bildet dieser Weg einen „Loop", der auf Deutsch als Schleife bezeichnet wird. Anhand eines solchen Loops kann man mit den Formeln der Schleifen-Quanten-Gravitation die Krümmung der Raumzeit berechnen.

Anders als die Quanten des Lichts bewegen sich die Quanten eines solchen Spin-Netzes nicht innerhalb des Raums in einem quantenmechanischen Feld, sondern sie sind der Raum selbst. Wenn man die Zeit als vierte Dimension hinzufügt, um dem Prinzip der Raumzeit gerecht zu werden, dann werden aus den Knoten Linien und aus den Linien Flächen. Das Resultat ist ein Spin-Schaum, der ähnlich wie echter Schaum wachsen und in sich zusammenfallen kann (Abb. 17.2).

Innerhalb eines schwarzen Lochs würde der Spin-Schaum laut Theorie so lange zusammengepresst werden, bis er eine enorme – aber nicht unendlich große – Dichte erreicht und schließlich mit immenser Energie zurückfedert (Rovelli, 2008). Dieses Verhalten würde vortrefflich den Urknall erklären – nämlich als Urprall –, wirft aber gleichzeitig die Frage auf, weshalb wir keine explodierenden schwarzen Löcher sehen können. Müssten nicht einige der uralten und riesigen schwarzen Löcher in unserem Universum bereits an diesem Punkt angelangt sein? Vielleicht haben wir dieses Phänomen bisher auch nur aus Unwissenheit übersehen. Es gibt Hinweise, dass es sich bei einigen bekannten astronomischen Phänomen, die sich „Fast Radio Bursts" nennen, um solche explodierenden uralten schwarzen Löcher handeln könnte (Rovelli, 2018).

Die Erforschung dieser Phänomene wird auch in Zukunft spannend bleiben. Die Menschheit richtet ihre immer besser werdenden Teleskope auf schwarze Löcher und versucht ihr geheimnisvolles Verhalten zu entschlüsseln. Weltraumteleskope blicken in der Zeit bis kurz nach dem Urknall zurück und suchen in der kosmischen Hintergrundstrahlung nach Unregelmäßigkeiten. Diese Unregelmäßigkeiten könnten ein Hinweis auf Quantenfluktuationen sein, die möglicherweise bei der Beantwortung der Frage helfen, ob die Raumzeit tatsächlich „gequantelt" ist oder nicht. Aber selbst dann haben wir noch immer nicht erfahren, wie der Urknall oder aller-

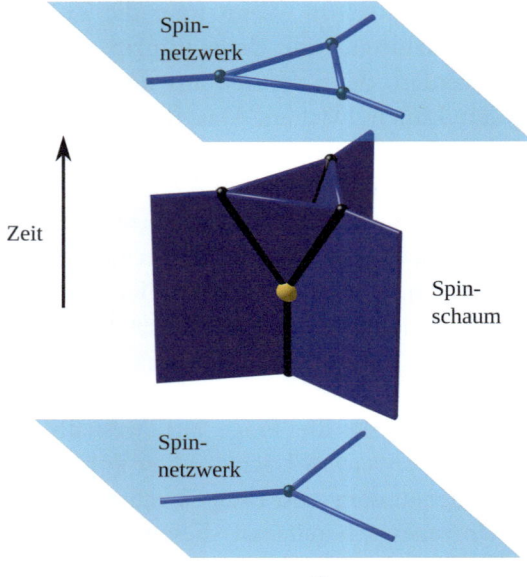

**Abb. 17.2** Ein Übergang zwischen Spin-Netzwerkzuständen durch einen Spin-Schaum. Die angegebene „Zeit" ist keine physikalisch verlaufende Zeit, sondern ein externer Parameter im gewählten Koordinatensystem. (Quelle: Wikimedia commons, CC0 1.0 Universal Public Domain Dedication (Spinschaum, 2023))

erste Urprall einmal begann – beziehungsweise was oder wer ihn verursachte.

## 17.4 Universum oder Multiversum?

Sowohl die Stringtheorie als auch die Schleifen-Quanten-Gravitation werfen die Möglichkeit von mehreren nacheinander oder gleichzeitig existierenden Universen auf. Diese „Multiversen" oder „Paralleluniversen" könnten entstehen, wenn Universen beispielsweise in einem Urknall aus kollabierten „Vorgänger-Universen" oder schwarzen Löchern von gewaltiger Größe geboren werden. Beide Fälle erlauben die Existenz unzähliger Universen verschiedenen Alters und die Geburt neuer Universen. Es wäre eine Evolution der Universen – unzähliger immer weiterer Universen, in denen das Schicksal jedes Mal mit einem neu gemischten Blatt sein Spiel beginnt.

Besonders die Stringtheorie fordert ganz explizit die Existenz von anderen Universen. Es gibt unendlich viele Lösungen für die Gleichungen der Stringtheorie und jede dieser Lösungen ergibt ein ganz eigenes und einzigartiges Universum. Eine Hypothese ist, dass Universen fortwährend durch Quantenfluktuationen in einem Hyperraum geboren werden, in dem sich unser Universum und alle anderen Universen befinden (Kaku, 2021).

Obwohl die Stringtheorie viele Schwachstellen hat (beispielsweise, dass ihr experimenteller Nachweis unmöglich ist, denn dieser würde erfordern, dass Wissenschaftler im Labor „Baby-Universen" erschaffen …) könnten ihre Konsequenzen einen Erklärungsansatz für ein altes und interessantes Rätsel der Physik bieten. Physiker, Philosophen und Theologen wundern sich gemeinsam über die Tatsache, dass alle uns bekannten Kräfte und Konstanten der Natur ganz genau so abgestimmt sind, dass sie unsere Existenz erlauben.

Wäre die Gravitation nur ein kleines bisschen schwächer, gäbe es keine Galaxien und Sterne. Die Elementarteilchen wären seit dem Urknall so schnell und so weit auseinandergeschleudert, dass das Universum bereits den Kältetod gestorben wäre („Big Rip" für „das große Zerreißen" und „Big Freeze" für „das große Einfrieren"). Wäre die Gravitation nur etwas stärker, wäre das Universum längst wieder kollabiert, bevor Leben hätte entstehen können („Big Crunch" – „das große

Zusammenkrachen"). Wäre die starke Kraft, die Atomkerne zusammenhält, schwächer, wären Atome instabil. Welch ausgesprochener Zufall, dass die negative Ladung von Elektronen, die um so vieles kleiner sind als Protonen, ganz exakt die positive Ladung der Protonen ausgleicht. Würden sich die Ladungen nicht gestochen präzise aufwiegen, wären Atome ebenfalls nicht stabil und würden nicht existieren. Selbst die flache Form des Universums erscheint rein mathematisch der absolut absonderlichste Fall zu sein und kann nur durch eine ganz besondere Ausgewogenheit in der Zusammensetzung von Energie und Materie erklärt werden, die kritische Dichte.

Auf diese Absonderlichkeiten weiß die Stringtheorie tatsächlich eine Antwort – nämlich, dass wir uns eben genau in diesem einen von unendlich vielen Universen befinden, das uns hervorgebracht hat. Möglicherweise existieren unzählige „Paralleluniversen", in denen die Kräfte und Konstanten der Natur andere Werte annehmen und die mit hoher Wahrscheinlichkeit kein Leben ermöglichen. Unser Universum wäre dann nur deshalb besonders auf die Existenz von Leben zugeschnitten, da es rein zufällig genau das Universum ist, das uns hervorgebracht hat. Dieser Ansatz folgt damit dem sogenannten anthropischen Prinzip (von griechisch „anthropos" für Mensch), das versucht natürliche Erklärungen für Phänomene oder Umstände in unserem Universum zu finden, die extrem unwahrscheinlich und schwer durch Zufälle erklärbar scheinen.

Bisher sind diese Annahmen, ebenso wie alle Kandidaten für eine Weltformel, jedoch rein mathematische Schöpfungen. Physikalische Gesetze sind nicht durch die Komplexität oder die Einfachheit ihrer mathematischen Formeln schön. Ein physikalisches Gesetz ist erst dann elegant oder schön, wenn es jedem Testen und jeder Beobachtung standhält und zuverlässig das Verhalten der Natur vorhersagt. Sowohl in der Relativitätstheorie als auch in der Quantenmechanik scheint diese Bedingung bisher erfüllt.

In etwas mehr als zehn Jahren könnte es möglich sein, Gravitationswellen aus der Anfangszeit des Universums oder sogar dem Moment des Urknalls zu detektieren. Zum Nachweis von Gravitationswellen werden sogenannte Laserinterferometer verwendet, in deren langen „Armen" zwei Laserstrahlen exakt miteinander „interferieren" – das heißt, sie löschen sich gegenseitig aus. Rollt eine Gravitationswelle über unser Sonnensystem hinweg, verformt sich die Raumzeit und die fein kalibrierte Interferenz wird gestört. Es entsteht kurzzeitig ein Lasersignal, dessen Muster aufschlussreiche Informationen über die Ursache und den Ursprungsort der aufgezeichneten Gravitationswelle liefern kann.

Möchte man Gravitationswellen untersuchen, die aus der Anfangszeit unseres Universums stammen, müsste man ein Interferometer bauen, dessen Arme mehrere Millionen Kilometer lang sind. Da dies auf der Erde unmöglich ist, plant die Europäische Weltraumorganisation (ESA) einen riesigen Gravitationswellendetektor im Weltall namens Laser Interferometer Space Antenna, kurz LISA. Dieser wird aus drei Satelliten bestehen, die unsere Erde in bis zu 70 Mio. km Entfernung in einer Dreieckskonfiguration umfliegen (Abb. 17.3). Zwischen diesen drei Satelliten bilden Laserstrahlen die Arme des Interferometers und schaffen damit eine Gesamtlänge von 5 Mio. km. Der Durchmesser unserer Sonne beträgt vergleichsweise 1,39 Mio. Kilometer.

Die gewaltige Länge der Interferometerarme wird die Detektion von Gravitationswellen mit niedrigen

**Abb. 17.3** Künstlerische Darstellung der LISA-Satelliten im Sonnensystem bei der Beobachtung von Gravitationswellen aus einer fernen Galaxie. (Quelle: Simon Barke, University of Florida, CC-BY 4.0 (Barke, 2023))

Frequenzen im Bereich von 0,1 MHz bis 0,1 Hz möglich machen. In diesem Größenbereich erwarten wir die uralten Signale aus der Anfangszeit unseres Universums mit Wellenlängen von mehreren Millionen Kilometern (MPI, 2023).

Wir können nicht sehen, was jenseits des Beobachtungshorizonts unseres Universums geschah, denn elektromagnetische Strahlung kann diesen nicht durchqueren. Aber Gravitationswellen können es. Daher könnten diese wellenförmigen Verbiegungen der Raumzeit uns endlich die langersehnten Informationen darüber liefern, was direkt nach der Entstehung unseres Universums geschah. Sie sind unsere größte Hoffnung, einer Weltformel auf die Spur zu kommen – falls eine solche Formel überhaupt existiert.

Forderungen und Vorhersagen der Quantengravitation, die bisher experimentell nicht überprüfbar waren, könnten nach der für 2034 geplanten Inbetriebnahme von LISA endlich auf den gefürchteten Prüfstand gestellt werden (AEI, 2023; LISA, 2023; MPG, 2023). Obwohl das LISA-Projekt unvorstellbar klingt, zeigen die Experimente und Vorversuche der letzten Jahre, dass es tatsächlich funktionieren könnte. Die Genauigkeit der Technik für LISA übertrifft sogar die Erwartungen der Wissenschaftler und lässt die Beantwortung der größten Fragen der Menschheit in eine greifbare Nähe rücken (Chwalla et al., 2020; Auclair et al., 2022).

## Literatur

AEI. (2023). https://www.aei.mpg.de/872148/laser-interferometer-space-antenna-lisa.

Auclair, P., et al. (2022). Cosmology with the Laser Interferometer Space Antenna. arXiv preprint arXiv:2204.05434.

Barke, S. (2023). https://www.aei.mpg.de/872148/laser-interferometer-space-antenna-lisa.

Bojowald, M. (2001). Absence of a singularity in loop quantum cosmology. *Physical Review Letters, 86*(23), 5227.

Chwalla, M., et al. (2020). Optical suppression of tilt-to-length coupling in the LISA long-arm interferometer. *Physical Review Applied, 14*(1), 014030.

Kaku, M. (2021). *The God equation: The quest for a theory of everything*. Penguin UK.

LISA. (2023). https://www.lisamission.org.

Loeb, A. (2021). *Extraterrestrial: The first sign of intelligent life beyond earth*. Houghton Mifflin.

Moore, A. W. (2018). *The infinite*. Routledge.

MPG. (2023). https://www.mpg.de/305277/forschungs-Schwerpunkt.

MPI. (2023). https://www.aei.mpg.de/lisa-de.

Rovelli, C. (2008). Loop quantum gravity. *Living reviews in relativity, 11*(1), 1–69.

Rovelli, C. (2018). *Reality is not what it seems: The journey to quantum gravity*. Penguin.

Spinschaum. (2023). https://commons.wikimedia.org/wiki/File:Spinschaum.svg.

Webbtelescope. (2023). https://webbtelescope.org/copyright.

# 18

# Der nächste Big Bang

*Was einmal gedacht wurde,*
*kann nicht mehr zurückgenommen werden.*

*(Friedrich Dürrenmatt, Die Physiker)*

Wachstum und Lernen sind keine gleichmäßigen Prozesse. Sie tröpfeln nicht stetig vor sich hin, sondern geschehen in lauten, mächtigen und prasselnden Schüben. In der kindlichen Entwicklung spricht man von Entwicklungsschüben, die ins Rollen geraten, wenn ein Kind seinen nächsten Meilenstein erreicht hat. Wenn ein Kind erstmal begriffen hat, dass es mit Sprache seine Bedürfnisse ausdrücken kann, kommt es zu einer regelrechten Sprachexplosion. Plötzlich fließen die Worte nur so aus ihm heraus und bereits nach wenigen Wochen bis Monaten des Übens spricht das Kind in ganzen Sätzen. Aber nicht nur wir Menschen wachsen und entwickeln uns in Schüben.

Das Phänomen der Sprünge oder Schübe scheint ein universales Muster zu sein, dass sich auch in der

Entwicklung des Lebens, unserer Gesellschaft und der Digitalisierung beobachten lässt. Auf längere Phasen des äußerlichen Stillstands folgen kurze gewaltige Sprünge, die in Anlehnung an das singuläre Ereignis des Urknalls als „Big Bangs" bezeichnet werden. In den langen und stillen Phasen zwischen diesen Sprüngen erfolgt die Verfeinerung und das Testen der neu erlernten Möglichkeiten und Methoden.

## 18.1 Der „biologische Big Bang"

Vor etwa 541 Mio. Jahren geschah etwas Rätselhaftes: Mehr als 3 Mrd. Jahre, nachdem das Leben auf der Erde entstanden war, bildeten sich in einem paläontologisch winzigen Zeitraum von nur 5–10 Mio. Jahren nahezu zeitgleich fast alle heutigen Tierstämme. Einzeller, Zellkolonien und primitivste Vielzeller waren 3 Mrd. Jahre lang die unangefochtenen Herrscher über diesen Planeten. Während all dieser Zeit wirkte unsere Erde aus weiter Entfernung für außerirdische Astronauten oder Astronomen vollkommen unbewohnt. Das besondere Ereignis, das mit einem Schlag die gigantische Artenvielfalt unseres Planeten entfesselte, wird „kambrische Explosion" oder „biologischer Urknall" („biologischer Big Bang") genannt (Koonin, 2007). Was damals geschah und diese plötzliche Explosion der Artenvielfalt auslöste, ist bis heute jedoch umstritten.

Einige Wissenschaftler gehen davon aus, dass die Entstehung der ersten Augen im Tierreich zu einer Art biologischem Wettrüsten zwischen Beutetieren und immer gefährlicheren Raubtieren geführt hat. Für diese Hypothese spricht, dass während der kambrischen Explosion auch die ersten schützenden Skelette, Schalen und Panzer auftraten ebenso wie erstmalig auch Lebensformen, die im Meeresgrund buddeln oder wühlen. Andere Wissenschaftler vermuten, dass gewaltige Strahlungsausbrüche der Sonne während des frühen Kambriums die Mutationsrate der damaligen Fauna massiv erhöht haben könnten. Theoretisch käme die kambrische Explosion aber auch ohne all diese Erklärungen aus, denn auch vereinzelte spontane Mutationen wären in der Lage, ein derartiges Event loszutreten. Dies trifft insbesondere dann zu, wenn es zu spontanen Mutationen in sogenannten Bauplangenen kommt, die große genregulatorische Netzwerke steuern und für den Körperbau von Lebewesen verantwortlich sind (Davidson & Erwin, 2006).

Da der Körperbau aller heute existierenden Tierarten durch genregulatorische Netzwerke gesteuert wird, ist diese Hypothese sogar sehr wahrscheinlich. Falls es vor über 541 Mio. Jahren zu spontanen genetischen Veränderungen an solchen Genen, wie beispielsweise den *Hox*-Genen, kam, wäre die schlagartige Entstehung neuer, grundlegender Muster für Körperbaupläne ohne außergewöhnliche externe Ereignisse wie Naturkatastrophen zu erklären. Zu dieser Hypothese passt auch, dass die *Hox*-Gene aller bekannten Tierarten mithilfe der Genanalyse auf einen einzigen gemeinsamen Vorfahren zurückgeführt werden konnten. Allerdings kann die Anzahl und Struktur dieser *Hox*-Gene zwischen verschiedenen Spezies erheblich variieren. In unterschiedlichen Clustern steuern sie sowohl den zweiseitigen („bilateralen") Körperbau der meisten Lebewesen als auch den Bau radialsymmetrischer Körperstrukturen von Quallen, Korallen und den meisten Pflanzenblüten.

Eine einzige Mutation in einem Bauplangen könnte die gewaltigste Explosion der Artenvielfalt erzeugt haben, die es jemals auf diesem Planeten gegeben hat. Nicht alle der neuartigen und sonderbaren Schöpfungen des Kambriums haben bis heute überlebt. Aber fast alle heute existierenden Körperbaupläne entsprangen diesem kurzen Erdzeitalter, in dem die Natur mit Körperbauplänen experimentierte.

Prinzipiell wäre es möglich, die kambrische Explosion zu wiederholen. Ein durchschnittlich begabter Biologiestudent wäre heutzutage mit den geeigneten Mitteln und etwas Einarbeitung in die Thematik in der Lage, die Bauplangene von Lebewesen nach Belieben zu mutieren. Wissenschaftlern wird oft nachgesagt, dass sie zu unethischen Handlungen fähig sind und diese im Dienste der Wissenschaft auch bedenkenlos begehen würden. Frei nach dem Motto: „Wenn ich es nicht tue, so denkt und tut es früher oder später ein anderer." Dabei ist eigentlich erstaunlich, wie weit Realität und Möglichkeit inzwischen auseinanderklaffen – zumindest in der Molekularbiologie.

Unser technologischer und evolutionärer Fortschritt wird momentan hauptsächlich durch die Moral- und Wertvorstellungen unserer Gesellschaft gebremst. Das soll nicht heißen, dass wir all unsere ethischen Werte oder Moralvorstellungen über Bord werfen sollten. Aber es zeigt, dass kulturelle Werte einen weitreichenden Einfluss auf Innovationen und sogar die Evolution haben. Eine künstliche Intelligenz oder intelligentes außerirdisches Leben muss nicht zwangsweise denselben Moralvorstellungen unterliegen und könnte mit einem vergleichbaren Entwicklungsstand bereits mit gentechnisch hergestellten Supergehirnen oder künstlich gezüchteten Lebewesen experimentiert haben. Auf diese Weise würden alle Entwicklungsschritte vermutlich deutlich schneller verlaufen, als es im Moment geschieht.

## 18.2 Der „digitale Big Bang"

Mit der Gentechnik verfügen wir bereits über ein extrem potentes Mittel, um die unerschöpfliche genetische Vielfalt zu produzieren, die in der Natur die Grundlage aller Innovation bildet. Ethische Bedenken und menschliches Mitgefühl halten uns zurück. Aber welche ethischen Bedenken und moralischen Skrupel empfinden wir gegenüber technologischen Schöpfungen? Man könnte die Analogie des Big Bang so weit ausdehnen, dass sie neben der kambrischen Explosion auch auf das Internet mit seinem World Wide Web zutrifft. Die Erfindung des Internets hat eine Art digitalen Big Bang losgetreten. Noch nie war Wissen so einfach und schnell verfügbar wie heute. Das Internet wächst mit gigantischer Geschwindigkeit. Jeder kann zu seinem Wissenspool beitragen und von seinem Wissen profitieren. Informationsquellen, Programme und Apps beschleunigen unsere technologische Entwicklung in einem Ausmaß wie kein Ereignis jemals zuvor in der Geschichte der Menschheit. Die Erfindung des Rads oder der Schrift war nur ein schwacher Ruck im Vergleich zur Wucht des digitalen Big Bang.

Sehr wahrscheinlich rauschen wir gerade vollkommen ungehindert in einen Big Bang der künstlichen Intelligenz und Robotik. Da die Auswirkungen künstlicher Intelligenz für uns schwer zu überschauen sind, arbeiten wir ungebremst und unaufhörlich in ihre Richtung. Wir sind uns ihrer Folgen aufgrund mangelnder Erfahrung und Vorstellungskraft nicht bewusst.

Der nächste digitale Big Bang wird auf der Ebene des „Cloud Learning" geschehen. Roboter müssen momentan noch in mühsamer Arbeit selbst einfachste Handlungen und Abläufe lernen, beziehungsweise dafür programmiert werden. Ebenso wie ein Menschenkind müssen sie lernen, sich in dieser Welt zurechtzufinden. Anders als einem Baby fehlen ihnen dabei angeborene Verhaltensmuster und Instinkte, weshalb sie sich momentan noch deutlich schwerer beim Lernen tun als wir. Das wird sich jedoch schlagartig ändern, wenn künstliche Intelligenzen einen Zugang zu „Clouds" bekommen, in denen Wissen gespeichert und geteilt wird. Das Wissen aller Roboter würde sich angleichen und maximieren, sobald sie Zugang zu dieser Cloud haben (Pratt, 2015). Es ist, als wenn wir jedem Kind direkt nach seiner Geburt das gesamte Wissen der Menschheit „aufspielen" könnten. Ein Baby würde nicht nur unverzüglich Zugang zu allem existierenden Wissen erhalten, sondern könnte auch sofort ohne jeglichen Zeitverzug beginnen, zu diesem stetig wachsenden Wissen beizutragen, zu dem alle anderen „Cloud User" Zugang haben (Pratt, 2015).

Werden wir einen solchen Big Bang der künstlichen Intelligenz aufhalten können, ohne uns zurück in eine Zeit ohne Internet zu katapultieren? Wer meint, gut ohne Internet leben zu können, sollte bedenken, dass es heutzutage ohne Internet nicht einmal mehr möglich ist, bei einer Bank Geld abzuheben. Die Konsequenzen eines totalen Blackouts wären unvorstellbar.

## 18.3 Der „energetische Big Bang"

Eine weitere und besonders wünschenswerte Form des Big Bang wäre ein energetischer Big Bang, der die Menschheit mit einem Schlag von allen energetischen Engpässen befreit. Seine Auswirkungen wären vielleicht vergleichbar mit dem Aufkommen des Ackerbaus und der Viehzucht – zwei Faktoren, die als wichtige Eckpfeiler für die Entwicklung der menschlichen Intelligenz und die

Entstehung unserer Kultur gelten. Nur wer sich keine Sorgen mehr über die Nahrungsbeschaffung zu machen braucht und in seinem Zuhause sicher vor Kälte und Raubtieren geschützt ist, kann sich den Luxus leisten, höheren Tätigkeiten wie Kunst, Musik, Literatur oder Wissenschaft nachzugehen. Ebenso würde eine plötzliche Energieunabhängigkeit, beispielsweise auf dem Weg der Kernfusion, enorme Fortschritte in der Forschung, Digitalisierung und Raumfahrt ermöglichen.

Mehr als uns bewusst und vermutlich sogar lieb ist, haben wir in vielen Bereichen unserer Entwicklung die Qual der Wahl. Wissenschaft gilt im gesellschaftlichen Denken oft als morallos. Schließlich schuf sie neben vielen nützlichen Dingen, wie Antibiotika oder Computertomographen, auch Atombomben und Nervengifte. Allerdings bergen nicht nur wissenschaftliche Innovationen die Gefahr einer Zweckentfremdung. Entdeckungen selbst haben keinen moralischen Wert. Das, was wir aus ihnen machen, allerdings schon. Radioaktivität ist die Grundlage für den Bau von Atombomben. Aber sie ist auch die Grundlage für die beste Methode, um frühe Metastasen oder Rückfälle nach Krebserkrankungen zu erkennen (PET-CT).

Wir dürfen den Fortgang der Wissenschaft nicht aufgrund ihrer möglichen Zweckentfremdungen fürchten. Erkenntnisse müssen erst gewonnen werden, bevor wir ihre Einsatzmöglichkeiten abschätzen können. Juristen, Ethikräte und Politiker müssen den Einsatz neuer Technologien regeln, so wie sie es mit Messern tun, die als Waffen dienen können, oder mit Medikamenten, die ein hohes Suchtpotenzial bergen. Im Fall eines Big Bang der künstlichen Intelligenz hingegen könnte es irgendwann zu spät sein, um eine eigenständige Entwicklung wieder auszubremsen. Die Menschheit wird früher oder später Zeuge ihres größten Experiments werden.

# Literatur

Davidson, E. H., & Erwin, D. H. (2006). Gene regulatory networks and the evolution of animal body plans. *Science, 311*(5762), 796–800.

Koonin, E. V. (2007). The Biological Big Bang model for the major transitions in evolution. *Biology direct, 2*(1), 1–17.

Pratt, G. A. (2015). Is a Cambrian explosion coming for robotics? *Journal of Economic Perspectives, 29*(3), 51–60.

# 19

# Aufbruch

*Wer auch nur eine Stunde seiner Zeit zu vergeuden wagt, hat den Wert des Lebens noch nicht begriffen.*

*(Charles Darwin)*

Wissenschaft ist kein Beruf, sondern eine Methode, die Welt zu erkunden und zu verändern. Es ist eigentlich verwunderlich, dass Experimente nur von Wissenschaftlern in Forschungseinrichtungen und Laboren durchgeführt werden. Wichtige Entscheidungen, die unsere Gesellschaft betreffen, wie beispielsweise die Gestaltung des Schulunterrichts, werden selten hinterfragt und so gut wie nie experimentell getestet. Dabei wäre es im Vergleich zu manch wissenschaftlicher Fragestellung im wahrsten Sinne des Wortes ein Kinderspiel verschiedenste Schulformen zu testen.

Haben wir wirklich so viel Angst davor, durch leicht veränderte Unterrichtszeiten oder alternative Lehrmethoden die Zukunft unserer Kinder zu gefährden?

Und was ist mit all den Kindern, die in unserem System nicht gedeihen, weil sie entweder über- oder unterfordert sind? Ist Religionsunterricht wirklich wichtiger als kritisches Denken? Wenn wir unseren Kindern ihre natürliche Neugier auf diese Welt und ihren Hang zur Wahrheit aberziehen, warum wundern wir uns dann über eine wachsende Anzahl an Verschwörungstheoretikern und eine zunehmende Wissenschaftsfeindlichkeit in unserer Gesellschaft?

Wollen wir auch den zukünftigen Generationen alle Verbesserungen vorenthalten, die rein theoretisch in jedem Gebiet möglich sind? Wieso gibt es seit Jahrzehnten, wenn nicht Jahrhunderten, keine Veränderungen auf der Basis von wissenschaftlich korrekt durchgeführten Experimenten? Wer hat jemals vorgeschrieben, dass wir die wissenschaftliche Methode nicht auch in anderen praktischen Bereichen des Lebens einsetzen dürfen?

Gesellschaftliche und politische Entscheidungen werden oft auf Basis von ungeprüften Vorannahmen, Traditionen oder Dogmen getroffen. Ein skeptischer Empirismus, der verschiedene Möglichkeiten sorgfältig durchdenkt und testet, würde unserer Politik und Gesellschaft auch in anderen Bereichen als der Wissenschaft gut tun und unsere Gesellschaft enorm voranbringen (Brockman, 2012). Es ist eine beängstigende Vorstellung, dass die obersten Entscheidungsträger eines Landes oder anderer einflussreicher Institutionen keine Ahnung davon haben, wie man mithilfe von Experimenten zu Verbesserungen gelangt oder wie man Experimente sinnvoll plant und auswertet. Wissenschaftler könnten in Politik, Wirtschaft und sozialen Bereichen helfen, Zustände zu verbessern – anhand von Daten und nicht von Meinungen (Brockman, 2012).

Erstmals in der Menschheitsgeschichte genießen wir den besonderen Luxus, in einem Zeitalter zu leben, in dem wir erkennen, woraus wir bestehen und nahe dran sind zu erfahren, woher wir kommen. Was hätten frühere Denker und Wissenschaftler wie Aristoteles, Archimedes, Eratosthenes, Ptolemäus oder da Vinci für das Wissen gegeben, das wir heute besitzen?

Es ist schwer vorstellbar, dass sich heutzutage Menschen bewusst gegen dieses Wissen entscheiden. Um zu verhindern, dass die Wissenschaft und somit unser mächtigstes Werkzeug auf der Suche nach Erkenntnis in Verruf gerät, muss die Wissenschaft ihren Stolz beiseiteschieben und ihren Elfenbeinturm verlassen. Sie hat Angst, sich durch ihre vielen Fehltritte angreifbar zu machen in einer Welt, die ihre Werte nicht versteht. Die Wissenschaft irrt oft. Denn oft kann sie aufgrund mangelnder Daten oder fehlender Klarsicht die Wirklichkeit noch nicht umfassend beschreiben. Aber sie ist sich, im Idealfall, dieser Fehlbarkeit bewusst und diese Ehrlichkeit macht sie ausgesprochen liebenswürdig. In ihrer reinsten und kristallinen Form ist sie gleichbedeutend mit dem, was das Menschsein ausmacht und uns von allen anderen Lebewesen unterscheidet, die wir kennen.

Damit alle Mitglieder einer Gesellschaft an der spannenden Suche nach Wahrheit teilhaben können, müssen die wichtigsten Fragestellungen und die Arbeitsweise der Wissenschaft allen Bürgern vertraut gemacht werden. Der ideale Ort hierfür wäre zweifellos die (Grund-)Schule, aber die Verantwortung für diesen Prozess tragen nicht nur Wissenschaftler, Politiker oder Schulen, sondern wir alle. Wir müssen uns dieser Verantwortung bewusst werden, anstatt uns darüber zu ärgern, was andere nicht verstehen, oder darauf zu warten, dass jemand die Dinge für uns richtet.

Große Kulturen können zugrunde gehen. Die Geschichte hat gezeigt, dass dies sogar die Regel ist und nicht die Ausnahme. Wir können unmöglich so tun, als würden wir all dies nicht bemerken und aus lauter Überheblichkeit an erfundenen Weltbildern festhalten. So ernüchternd es klingen mag, aber die Stärke der Menschheit liegt aufgrund ihrer Natur nicht im Verzicht, sondern in ihrer Fähigkeit, vorausschauend zu denken und ihre Zukunft zu gestalten. Unser kleiner blauer Planet inmitten dieses großen und dunklen Universums ist unbeschreiblich kostbar und möglicherweise sogar einzigartig. Er verdient es, auch so behandelt zu werden. Aber wenn wir diesen Planeten wirklich retten wollen, dann müssen wir zu unserer stärksten Waffe greifen – und das ist nicht Spiritualität oder Leichtgläubigkeit, sondern die Wissenschaft.

Wissenschaft wird wie kaum ein anderes Gebiet von Idealismus und Aufopferung getrieben. Wissen und die auf diesem Wissen aufbauenden Techniken können Leben retten, Leid mindern oder Energieprobleme lösen. Antibiotika und Impfungen sind nicht durch Spiritualität oder Glauben entstanden, sondern auf dem langen und steinigen Weg der wissenschaftlichen Methode.

Wissenschaft kann durchaus einen positiven moralischen Wert für unsere Gesellschaft haben. Vor allem aber befähigt wissenschaftliches Verständnis zu einer tiefen Verbundenheit und Demut gegenüber der Natur. Anders als das religiös geprägte „anthropozentrische" Weltbild stellt die Wissenschaft nicht den Menschen in den Mittelpunkt und über die Natur, sondern sieht ihn als einen Teil der Natur. In der Religion ist der Mensch die Krone der Schöpfung und Herrscher über Land und Tier. In der Wissenschaft sind wir Kinder eines gewaltigen Universums, das uns schuf und das wir unser Zuhause nennen. Das Gefühl der Ehrfurcht, das Wissenschaftler gegenüber dem Universum und seinen Schöpfungen empfinden, steht dem Gefühl der Ehrfurcht religiöser Menschen in nichts nach.

Wer als junger Mensch die Schönheit der Natur und ihren Artenreichtum bewahren möchte, der wäre vielleicht besser mit einem Physikstudium beraten als mit dem Besuch von Protestveranstaltungen. Wissen und Innovation sind eine unschlagbare Kombination, mit der die Menschheit auch zuvor immer wieder Unvorstellbares geleistet hat.

Unser Universum hält eine quasi unerschöpfliche Menge an Energie bereit, die es nutzbar zu machen gilt. Energiegewinnung aus Kernfusion oder Solarsegel im Orbit der Sonne müssen nicht zwangsweise für alle Ewigkeit in das Reich der Science-Fiction verbannt bleiben. Wir sollten uns von gewagten Visionen inspirieren lassen. Unsere Sonne fusioniert in jeder Sekunde 600 Mio. t Wasserstoff zu 596 Mio. t Helium. Die fehlenden 4 Mio. t an Sonnenmasse werden direkt in Energie umgewandelt und in den Weltraum abgestrahlt. 4 Mio. t Sonnenmasse pro Sekunde. Ein einziges Gramm dieses Brennstoffs könnte in einem Kraftwerk auf der Erde 90.000 Kilowattstunden an Energie erzeugen, was der Verbrennungswärme von 11 t Kohle entspricht. Der Brennstoff der Sonne wird noch viele Milliarden Jahre ausreichen und selbst auf der Erde ist Wasserstoff als Fusionsbrennstoff im Wasser unserer Meere, nahezu unbegrenzt vorhanden (MPG, 2023).

Die Menschheit hat oft genug bewiesen, dass sie das Unmögliche Realität werden lassen kann und die unglaublichsten Theorien doch am ehesten die Wahrheit widerspiegeln können. Wir dürfen nicht aus lauter Zukunftsängsten und Aussichtslosigkeit resignieren. Die kommenden Generationen werden die Kraft der Wissenschaft mehr benötigen als alle anderen Generationen jemals zuvor. Und die Zeit drängt. Gemeinsam können wir den löchrigen alten Vorhang vom Himmel reißen, der uns den Blick auf die nahezu unbegrenzten Möglichkeiten dieses Universums verschleiert. Je besser wir die Natur verstehen und ihre Gesetze für uns nutzbar machen, desto wahrscheinlicher wird es, dass Millionen Jahre einer stabilen und nachhaltigen Zivilisation vor uns liegen.

Wir zeichnen die Zukunft in unseren Köpfen und entscheiden selbst darüber, mit welcher Kraft wir diese Bilder verfolgen. Die wissenschaftliche Methode hilft uns dabei, den richtigen Weg zu finden. Sie ist der Kompass, der Mut und Leidenschaft unbeirrbar in Richtung Wahrheit und Fortschritt leitet. Welch ein Gedanke, dass unsere unbedeutende Spezies nach 13,8 Mrd. Jahren endlich erkennen könnte, woraus das Universum geboren wurde und welchen Gesetzen es folgt. Welch eine Leistung erst für kleine Atome.

## Literatur

Brockman, J. (2012). *This will make you smarter*. Random House.

MPG. (2023). https://www.ipp.mpg.de/ippcms/de/pr/fusion21/kernfusion/index.

MIX
Papier aus verantwortungsvollen Quellen
Paper from responsible sources
FSC® C105338

If you have any concerns about our products, you can contact us on
**ProductSafety@springernature.com**

In case Publisher is established outside the EU, the EU authorized representative is:
**Springer Nature Customer Service Center GmbH**
**Europaplatz 3, 69115 Heidelberg, Germany**

Printed by Libri Plureos GmbH
in Hamburg, Germany